静电磁学

(法文版)

上海交大-巴黎高科卓越工程师学院 组编

【法】马雅科
(Jean Aristide CAVAILLÈS)
袁怡佳
邵凌翾
【法】丰杰礼
(Thierry FINOT)
主编

Électrostatique et magnétostatique

内容提要

本书为“中法卓越工程师培养工程”系列教材之一。全书共4章，主要内容为静电磁学基本理论，包括静电场、高斯定理、导体和电流、静磁场等，全面地向读者展示法国工程师预科基础阶段的物理教学内容。

本书可作为具有一定法语及物理基础的理工科学生的教学用书，也可供相关教学人员阅读参考。

图书在版编目（CIP）数据

静电磁学：法文/（法）马雅科等主编.—上海：
上海交通大学出版社，2021
ISBN 978-7-313-24047-7

Ⅰ.①静… Ⅱ.①马… Ⅲ.①静电—电磁学—法文
Ⅳ.①O44

中国版本图书馆CIP数据核字（2020）第240985号

静电磁学（法文版）
JINGDIANCIXUE (FAWEN BAN)

主　　编：［法］马雅科　袁怡佳　邵凌翾　［法］丰杰礼
出版发行：上海交通大学出版社　　地　　址：上海市番禺路951号
邮政编码：200030　　电　　话：021-64071208
印　　制：当纳利（上海）信息技术有限公司　　经　　销：全国新华书店
开　　本：710mm×1000mm　1/16　　印　　张：8.5
字　　数：154千字
版　　次：2021年6月第1版　　印　　次：2021年6月第1次印刷
书　　号：ISBN 978-7-313-24047-7
定　　价：48.00元

序　言

上海交大—巴黎高科卓越工程师学院（以下简称交大巴黎高科学院）创立于2012 年，由上海交通大学与法国巴黎高科工程师集团（以下简称巴黎高科集团）为响应教育部提出的“卓越工程师教育培养计划”而合作创办的，旨在借鉴法国高等工程师学校的教育体系和先进理念，致力于培养符合当代社会发展需要的高水平工程师人才。法国高等工程师教育属于精英教育体系，具有规模小、专业化程度高、重视实习实践等特色。法国工程师学校实行多次严格的选拔，筛选优秀高中毕业生通过 2 年预科基础阶段进入工程师学校就读。此类学校通过教学紧密结合实际的全方位培养模式，使其毕业生具备精良的工程技术能力，优秀的实践、管理能力与宽广的国际视野、强烈的创新意识，为社会输送了大批实用型、专家型的人才，包括许多国家领导人、学者、企业高层管理人员。巴黎高科集团汇集了全法最富声誉的 12 所工程师学校。上海交通大学是我国历史最悠久、享誉海内外的高等学府之一，经过 120 余年的不断历练开拓，已然成为集“综合性、研究性、国际化”于一体的国内一流、国际知名大学。此次与巴黎高科集团强强联手，创立了独特的“预科基础阶段 + 工程师阶段”人才培养计划，交大巴黎高科学院学制为“4 年本科+2.5 年硕士研究生”。其中最初三年的“预科基础阶段”不分专业，课程以数学、计算机和物理、化学为主，目的是让学生具备扎实的数理化基础，构建全面完整的知识体系，具备独立思考和解决问题的实践能力等。预科基础教育阶段对于学生而言，是随后工程师专业阶段乃至日后整个职业生涯的基础，其重要性显而易见。

交大巴黎高科学院引进法国工程师预科教育阶段的大平台教学制度，即在基础教育阶段不分专业，强调打下坚实的数理基础。首先，学院注重系统性的学习，每周设有与理论课配套的习题课、实验课，加强知识巩固和实践。再者，学院注重跨学科及理论在现实生活中的应用。所有课程均由同一位教师或一个教学团队连贯地完成，这为实现跨学科教育奠定了关键性的基础。一些重要的数理课程会周期性地循环出现，且难度逐渐上升，帮助学生数往知来并学会触类旁通、举一反三。最后，学院注重系统性的考核方式，定期有口试、家庭作业和阶段考试，以便时时掌握学生的学习情况。

交大巴黎高科学院创办至今，已有将近 8 个年头，预科基础阶段也已经过 9 届学生的不断探索实践。学院积累了一定得教育培养经验，归纳、沉淀、推广这些办学经验都适逢其时。因此交大巴黎高科学院与上海交通大学出版社联合策划出版“中法卓越工程师培养工程”系列图书。

刘增路
2020 年 9 月于
上海交通大学

Table des matières

Table des figures

1 CHAMP ET POTENTIEL ÉLECTROSTATIQUE

1.1 DISTRIBUTIONS DE CHARGES ÉLECTRIQUES

1.1.1 La charge électrique

La ***charge électrique*** est une propriété de la matière qui permet d'expliquer certaines interactions que l'on appelle les ***interactions électromagnétiques***.

La charge est une grandeur algébrique, additive et conservée.

Le caractère ***algébrique*** signifie que la charge d'un système est une grandeur réelle, positive, négative ou nulle. L'unité de charge est le ***coulomb***.

Le caractère additif est synonyme d'extensif. La charge de la réunion de deux systèmes est la somme des deux charges :

$$\boxed{Q(\Sigma_1 \cup \Sigma_2) = Q(\Sigma_1) + Q(\Sigma_2)}$$

La charge est enfin une grandeur conservée, c'est-à-dire la propriété suivante.

La charge électrique d'un système fermé est une constante.

Depuis le milieu du XXe siècle, on sait que la charge est une grandeur quantifiée, multiple de la ***charge électrique élémentaire*** notée e. On peut toujours écrire:

$$Q(\Sigma) = N \times e$$

avec N entier et

$$\boxed{e = 1,60217657 \times 10^{-19} \text{ C}}$$

À l'échelle macroscopique, N est tellement grand que l'on peut faire comme si la charge variait de façon continue.

1.1.2 Distributions de charges

La situation est analogue à celle des distributions de masses.

1.1.2.1 Densité volumique de charge

Un volume élémentaire $\mathrm{d}\tau_p$ contient une charge $\mathrm{d}Q_p$:

$$\mathrm{d}Q_p = \rho(P)\mathrm{d}\tau_p$$

La ***densité volumique de charge*** ou ***charge volumique*** $\rho(P)$ caractérise la distribution de charges. Elle s'exprime en $\mathrm{C{\cdot}m^{-3}}$. La charge totale de la distribution (Σ) est:

$$Q(\Sigma) = \iiint_{(\Sigma)} \rho(P)\,\mathrm{d}\tau_p$$

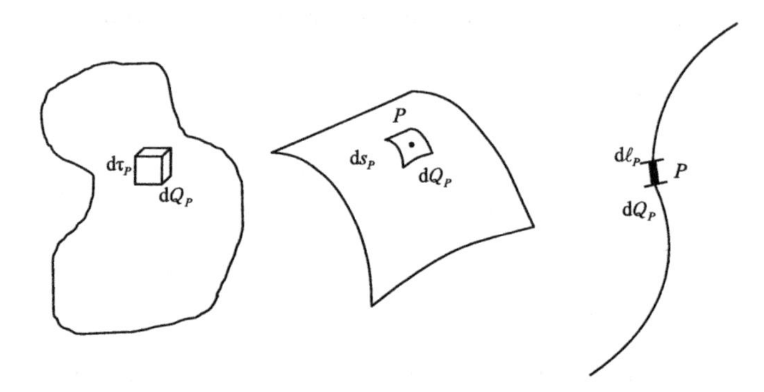

FIGURE 1.1 Distributions continues de charges

1.1.2.2 Distribution surfacique

On peut transposer les notions précédentes à une distribution surfacique. Une surface élémentaire $\mathrm{d}s_p$ contient une charge $\mathrm{d}Q_p$:

$$\mathrm{d}Q_p = \sigma(P)\mathrm{d}s_p$$

La ***densité surfacique de charge*** ou ***charge surfacique*** $\sigma(P)$ s'exprime en $\mathrm{C{\cdot}m^{-2}}$.

La charge totale de la distribution (Σ) est

$$Q(\Sigma) = \iint\limits_{(\Sigma)} \sigma(P)\,\mathrm{d}s_p$$

Distribution surfacique: limite d'une distribution volumique:

Une distribution volumique dans laquelle une des dimensions est très petites par rapport aux autres (penser à une feuille de papier) peut être *modélisée* par une distribution surfacique. Le lien entre les densités surfacique et volumique est établi en considérant un même élément de découpage dans les deux modélisations (voir Figure 1.2).

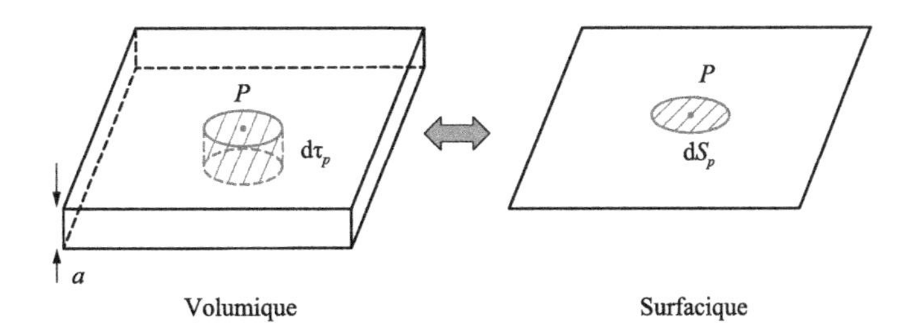

FIGURE 1.2 Distributions surfacique limite

La charge contenue dans cet élément doit être la même dans les deux descriptions:

$$\bar{\rho}(P) \times \mathrm{d}\tau_p = \sigma(P) \times \mathrm{d}s_p$$

où $\bar{\rho}(P)$ est la densité volumique moyenne au niveau de l'élément de volume. Si a est l'épaisseur de la couche au niveau du point P, on aura

$$\mathrm{d}s_p \times a = \mathrm{d}\tau_p$$

donc

$$\sigma(P) = a \times \bar{\rho}(P).$$

Pour une couche de densité volumique constante sur l'épaisseur, soit $\rho(P) = \bar{\rho}(P)$, on écrit plus simplement:

$$\sigma(P) = a \times \rho(P).$$

Une distribution rigoureusement surfacique correspond à la limite $a \to 0$. Si on veut que $\sigma(P)$ reste fini dans ce passage à la limite, il faut donc $\rho(P) \to \infty$.

Activité 1-1

On modélise une distribution volumique de faible épaisseur a, vérifiant $\rho(-a/2 < z < a/2) = \alpha z^2$ et $\rho(|z| > a/2) = 0$ par une distribution surfacique σ. Exprimer σ en fonction de α, a et ρ.

1.1.2.3 Distribution linéique

On peut transposer une fois de plus les notions précédentes au cas d'une ***distribution linéique***. Une longueur élémentaire $\mathrm{d}\ell_p$ contient une charge $\mathrm{d}Q_p$:

$$\mathrm{d}Q_p = \lambda(P)\,\mathrm{d}\ell_p$$

La ***densité linéique de charge*** ou ***charge linéique*** $\lambda(P)$ s'exprime en $\mathrm{C{\cdot}m^{-1}}$. La charge totale de la distribution (Σ) est:

$$Q(\Sigma) = \int_{(\Sigma)} \lambda(P)\,\mathrm{d}\ell_p$$

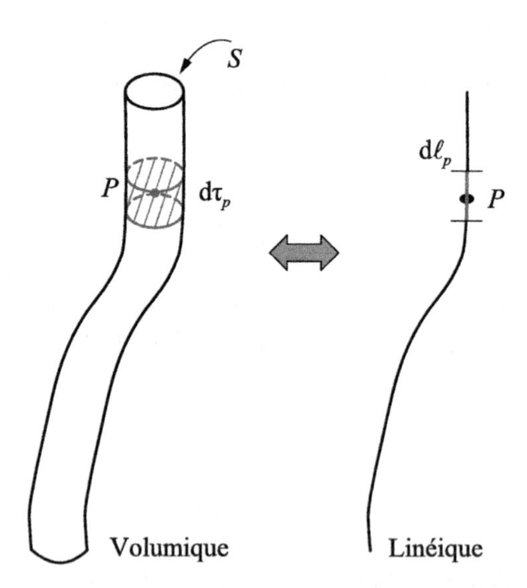

FIGURE 1.3 Distributions linéique limite

Distribution linéique: limite d'une distribution volumique

Une distribution volumique dans laquelle deux des dimensions sont très petites par rapport à la troisième (penser à un fil) peut être modélisée par une distribution linéique.

Le lien entre les densités linéique et volumique est établi en considérant un même élément de découpage dans les deux modélisations (voir Figure 1.3). La charge contenue dans cet élément doit être indépendante de la description choisie:

$$\bar{\rho}(P)\mathrm{d}\tau_p = \lambda(P) \times \mathrm{d}\ell_p$$

Si s est l'aire de la section de la couche au niveau du point P on aura:

$$\mathrm{d}\tau_p = s \times \mathrm{d}\ell_p$$

donc:

$$\lambda(P) = \bar{\rho}(P) \times s.$$

Activité 1-2

On modélise une distribution volumique cylindrique de faible rayon a, vérifiant $\rho(r < a) = \alpha r^2$ et $\rho(r > a) = 0$ par une distribution linéique λ. Exprimer λ en fonction de α, a et ρ.

1.1.2.4 Charge ponctuelle

Une distribution (Σ) est considérée ponctuelle dans la mesure où toutes les dimensions de (Σ) sont très petites devant les dimensions utiles du problème.

Une charge ponctuelle q peut être considérée comme la limite d'une distribution volumique de petit volume.

Les charges ponctuelles sont assimilées à des points sans extension géométrique. Seule la charge totale d'une charge ponctuelle compte dans ses propriétés électriques.

1.2 CHAMP ÉLECTROSTATIQUE

1.2.1 Interaction entre charges immobiles

1.2.1.1 Force et champ électrostatiques

Nous nous plaçons dans un cas particulier idéal où toutes les charges (et distributions de charges) sont immobiles dans un référentiel galiléen donné. Ce domaine d'étude s'appelle l'***électrostatique***.

Une distribution de charges *stationnaire* (Σ) interagit avec les autres charges électriques. Plaçons une charge électrique ponctuelle q_t en un point M. Un des postulats fondamentaux de l'électrostatique est que la charge test est soumise à une force qui ne dépend que de la position du point M et qui est proportionnelle à la

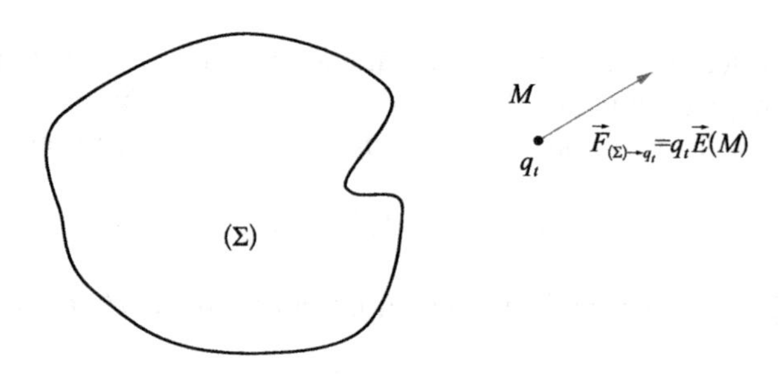

FIGURE 1.4 Champ électrostatique

charge q_t :

$$\boxed{\vec{F}_{(\Sigma)\to q_t} = q_t \times \vec{E}(M)}$$

où $\vec{E}(M)$ est le ***champ électrostatique*** créé par (Σ) au point M.

Le champ électrique est donc une force par unité de charge. Son unité SI peut donc être le newton par coulomb ($\text{N}\cdot\text{C}^{-1}$) mais on préfère une autre dénomination équivalente, le ***volt par mètre*** ($\text{V}\cdot\text{m}^{-1}$).

Comme deuxième postulat nous admettons le ***principe de superposition***. Si la distribution (Σ_1) crée le champ $\vec{E}_1(M)$ et la distribution (Σ_2) crée le champ $\vec{E}_2(M)$, alors les deux distributions (Σ_1) et (Σ_2) ensemble créent un champ $\vec{E}_1(M)+\vec{E}_2(M)$.

Remarque

Plus généralement, des charges mobiles ou fixes créent un *champ électrique* $\vec{E}(M,t)$ dépendant du temps.

1.2.1.2 Loi de Coulomb

Nous admettons comme troisième postulat l'expression du champ créé par une charge ponctuelle (***loi de Coulomb***) placée dans le vide. Une charge q placée en O crée au point M le champ:

$$\boxed{\vec{E}(M) = \frac{q}{4\pi\varepsilon_0}\frac{\overrightarrow{OM}}{OM^3}}$$

où l'on a introduit la constante fondamentale ε_0 appelée ***permittivité du vide***, dont la valeur numérique est:

$$\varepsilon_0 = 8.854 \times 10^{-12}\ \text{F}\cdot\text{m}^{-1}$$

Si on prend le système de coordonnées sphériques de centre O, on a:

$$\vec{e}_r = \frac{\overrightarrow{OM}}{OM} \quad \text{et} \quad r = OM$$

donc

$$\vec{E}(M) = \frac{q}{4\pi\varepsilon_0} \frac{\vec{e}_r}{r^2}$$

Le champ d'une charge positif est orienté vers l'extérieur, celui d'une charge négative est orienté vers la charge. On en déduit que la force subie de la part de q par une charge test q_t placée en M est:

$$\boxed{\vec{F}_{q \to q_t} = \frac{q\, q_t}{4\pi\varepsilon_0} \frac{\overrightarrow{OM}}{OM^3}}$$

La force est:

- attractive si les deux charges sont de signes opposées;
- répulsive si elles sont de même signe.

Remarque 1

La force électrostatique est une force newtonienne. Formellement, la force gravitationnelle est exactement analogue si l'on effectue la transposition:

$$q \to m \quad \text{et} \quad \frac{1}{4\pi\varepsilon_0} \to -G \text{ (opposé de la constante gravitationnelle).}$$

Mais la force de gravitation est toujours attractive car toutes les masses sont positives.

Remarque 2

Lorsque la charge q est placée dans un milieu matériel isolant, on peut, dans de nombreux cas pratiques, exprimer le champ électrique qu'elle crée au point M par:

$$\vec{E}(M) = \frac{q}{4\pi\varepsilon_0\varepsilon_r} \frac{\overrightarrow{OM}}{OM^3}$$

où ε_r est une constante caractéristique du milieu et des conditions physiques, appelée ***permittivité relative*** du milieu.

Par exemple, dans l'eau, $\varepsilon_r = 80$. La force entre deux charges dans l'eau est 80 fois plus faible que ce qu'elle serait dans le vide dans les mêmes conditions.

Dans l'air, nous avons $\varepsilon_r = 1,0005$. La force entre deux charges est pratiquement la même que dans le vide.

Noter que dans un milieu quelconque, les changements apportés au champ électrique peuvent être beaucoup plus complexes qu'une simple division par une constante.

1.2.1.3 Champ électrique créé par une distribution quelconque

Dans le cas général, le champ électrique s'obtient par superposition des champs créés par toutes les charges. Pour un ensemble (Σ) discret de charges ponctuelles $\{q_i, P_i\}$:

$$\boxed{\vec{E}(M) = \sum_i \frac{q_i}{4\pi\varepsilon_0} \frac{\overrightarrow{P_iM}}{P_iM^3}}$$

Une distribution continue quelconque peut être découpée en petits éléments de charge situés en P, $\mathrm{d}Q_p$, assimilés à des charges ponctuelles. On aura donc formellement

$$\boxed{\vec{E}(M) = \int_{(\Sigma)} \frac{1}{4\pi\varepsilon_0} \frac{\overrightarrow{PM}}{PM^3} \mathrm{d}Q_p}$$

Il faut bien noter que les sommations sont *vectorielles*. En règle générale, ce type d'intégrale est très difficile à calculer de façon analytique. Il n'y a que quelques cas simples où l'on puisse déterminer le champ par calcul direct.

1.2.2 Représentation graphique du champ électrique

Un champ $\vec{E}(M)$ est un objet mathématique compliqué. Formellement il s'agit d'une application qui associe un vecteur $\vec{E}(M)$ à un point de l'espace M:

$$\vec{E} : M \to \vec{E}(M)$$

Comment représenter graphiquement un tel objet? Il existe plusieurs représentations courantes.

1.2.2.1 Cartes de champ obtenues par échantillonnage

On représente les vecteurs $\vec{E}(M_i)$ par des flèches accrochées aux points M_i qui appartiennent à un ***échantillon*** des points de l'espace. Le plus souvent, on utilise cette représentation dans un plan, avec une grille d'échantillonnage formant un réseau carré (voir les exemples sur la Figure 1.5). La longueur du vecteur sur le schéma est proportionnelle à l'intensité. La direction du vecteur sur le schéma représente la direction du champ $\vec{E}$.

1.2.2.2 Lignes de champ

Les ***lignes de champ*** sont des courbes de l'espace définies de la façon suivante.

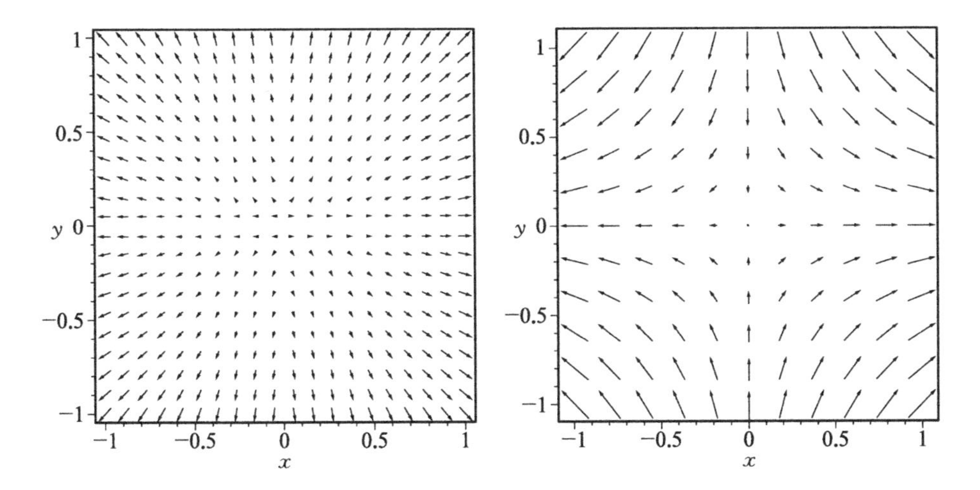

FIGURE 1.5 Cartes de champ

> En tout point M d'une ligne de champ, le champ $\vec{E}(M)$ est tangent à la ligne.

Il est conventionnel d'orienter les lignes de champ dans le sens de $\vec{E}(M)$. Comme exemple élémentaire de ligne de champ, la Figure 1.6 montre les lignes de champ au voisinage d'une charge ponctuelle positive ou négative.

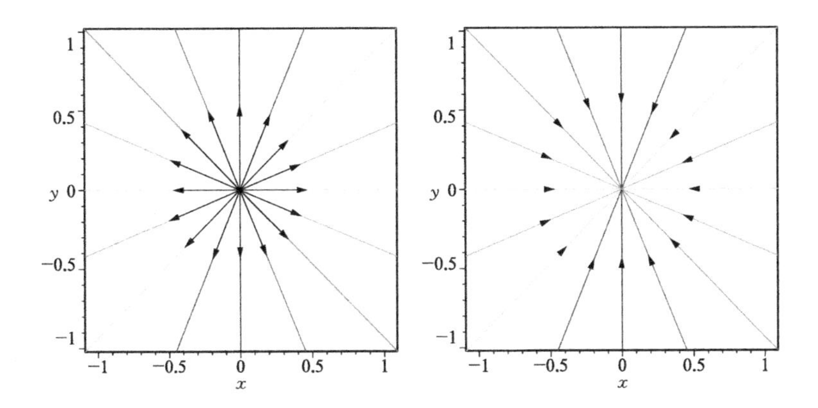

FIGURE 1.6 Lignes de champ d'une charge ponctuelle

La Figure 1.7 montre des exemples un peu plus élaborés de lignes de champ.

Les lignes de champ renseignent de façon très précise (et continue) sur la direction et le sens du champ électrique. En revanche elles ne donnent, à elles seules, aucune indication sur la norme du champ électrique.

En toute rigueur les lignes de champ ne sont pas définies en un point où $\vec{E}(M) = \vec{0}$.

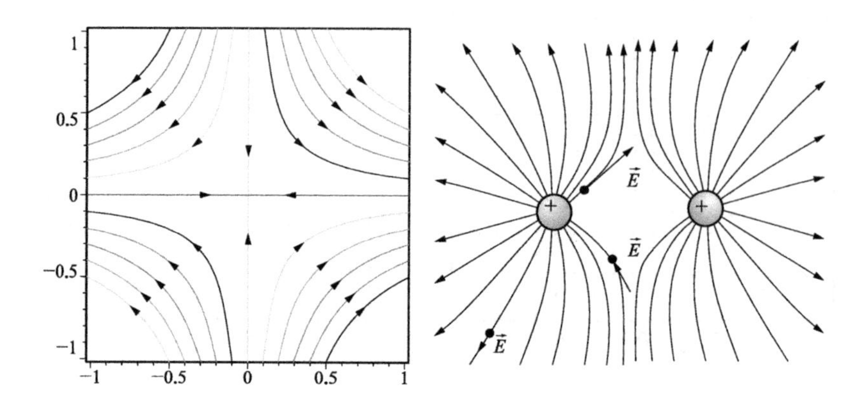

FIGURE 1.7 Exemples de lignes de champ

Activité 1-3

Montrer que deux lignes de champ ne peuvent pas se croiser, sauf en un point de champ nul.

Pour déterminer explicitement les équations mathématiques donnant des lignes de champ, il suffit d'écrire que le vecteur tangent $\vec{\tau}(M)$ à une telle courbe est parallèle à $\vec{E}(M)$ en tout point:

$$\forall M, \ \vec{\tau}(M) \wedge \vec{E}(M) = \vec{0}.$$

Par exemple, en coordonnées cartésiennes, comme $\vec{\tau}(M)$ est parallèle à un vecteur déplacement élémentaire $(\mathrm{d}x, \mathrm{d}y, \mathrm{d}z)$ nous aurons à résoudre le système différentiel :

$$\frac{\mathrm{d}x}{E_x(x,y,z)} = \frac{\mathrm{d}y}{E_y(x,y,z)} = \frac{\mathrm{d}z}{E_z(x,y,z)}$$

En coordonnées cylindriques, $\vec{\tau}$ est parallèle au déplacement élémentaire $(\mathrm{d}r, r\mathrm{d}\theta, \mathrm{d}z)$. Nous aurons donc à résoudre:

$$\frac{\mathrm{d}r}{E_r(r,\theta,z)} = \frac{r\mathrm{d}\theta}{E_\theta(r,\theta,z)} = \frac{\mathrm{d}z}{E_z(r,\theta,z)}$$

Activité 1-4

Déterminer le système différentiel à résoudre pour déterminer les lignes de champ en coordonnées sphériques.

1.2.3 Invariances et symétries du champ électrique

1.2.3.1 Problème général de détermination d'un champ électrostatique

Le calcul du champ électrostatique $\vec{E}(M)$ créé par une distribution de charges consiste à déterminer trois fonctions de trois variables :

$\vec{E}(M) = E_x(x,y,z)\vec{e}_x + E_y(x,y,z)\vec{e}_y + E_z(x,y,z)\vec{e}_z$ en coordonnées cartésiennes
ou $\vec{E}(M) = E_r(r,\theta,z)\vec{e}_r + E_\theta(r,\theta,z)\vec{e}_\theta + E_z(r,\theta,z)\vec{e}_z$ en coordonnées cylindriques
ou $\vec{E}(M) = E_r(r,\theta,\varphi)\vec{e}_r + E_\theta(r,\theta,\varphi)\vec{e}_\theta + E_\varphi(r,\theta,\varphi)\vec{e}_\varphi$ en coordonnées sphériques.

Mais les propriétés géométriques de la distribution de charges permettent de réduire ce problème, en éliminant une ou deux des trois variables, et une ou deux des trois fonctions.

1.2.3.2 Plan de symétrie

Pour simplifier, l'opération de symétrie plane par rapport à un plan Π, agissant sur les points ou sur les vecteurs, est notée de la même façon: S_Π.

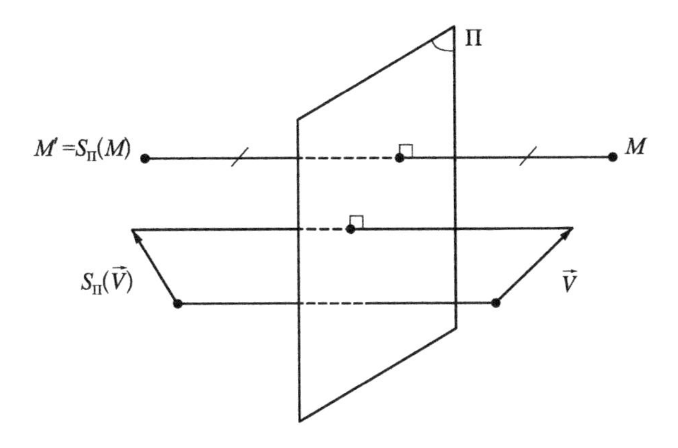

FIGURE 1.8 Symétrie plane

Ainsi, pour une symétrie par rapport à un plan Π (voir Figure 1.8) on notera:

$$M \to M' = S_\Pi(M) \quad \text{et} \quad \vec{V} \to \vec{V'} = S_\Pi(\vec{V})$$

Dans tous les cas, la symétrie est une opération involutive, c'est-à-dire que répétée deux fois, elle conduit à l'objet initial:

$$S_\Pi(S_\Pi(M)) = M \quad \text{et} \quad S_\Pi(S_\Pi(\vec{V})) = \vec{V}.$$

Nous considérons une distribution de charges $\rho(P)$ qui soit ***invariante par symétrie relativement au plan*** Π (voir Figure 1.9), c'est-à-dire que pour tout point P:

$$\boxed{\rho(P) = \rho(S_\Pi(P))}$$

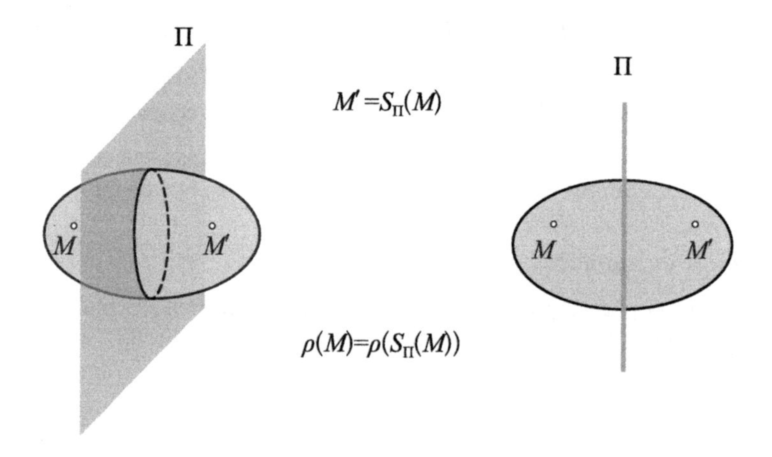

FIGURE 1.9 Distribution invariante par symétrie plane

On *admet* que, dans ces conditions, le champ électrique créé par la distribution est lui aussi invariant par la symétrie plane. On a alors:

$$\vec{E}(M) = S_\Pi(\vec{E}(S_\Pi(M)))$$

En appliquant encore une fois l'opération de symétrie, on obtient, en tout point M:

$$\boxed{\vec{E}(S_\Pi(M)) = S_\Pi(\vec{E}(M))}$$

En particulier, en un point M quelconque du plan de symétrie:

$$S_\Pi(M) = M$$

donc

$$S_\Pi(\vec{E}(M)) = \vec{E}(M)$$

> En un point d'un plan de symétrie des charges, le champ électrique est parallèle à ce plan.

Cette loi est importante pour déterminer la direction du champ électrique: elle indique que l'une des trois composantes du champ est nulle (dans une base bien choisie). L'allure générale du champ est donnée sur la Figure 1.10.

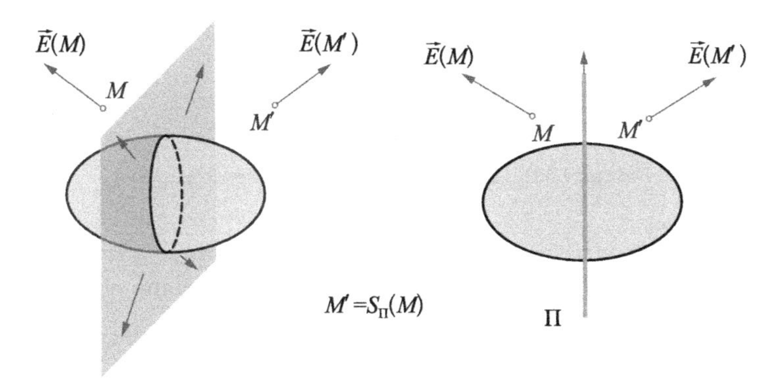

FIGURE 1.10 Champ avec symétrie plane

1.2.3.3 Plans d'antisymétrie

On rencontre aussi des distributions de charges qui sont changées en leur opposée par symétrie plane (voir Figure 1.11):

$$\boxed{\rho(P) = -\rho(S_\Pi(P))}$$

On dit que la distribution est ***antisymétrique*** par rapport au plan Π (ou qu'elle possède une symétrie négative).

On *admet* que, dans ces conditions, l'opération de symétrie revient à multiplier les charges par -1: le champ est également multiplié par -1. On aura donc en tout point M:

$$\boxed{\vec{E}(S_\Pi(M)) = -S_\Pi(\vec{E}(M))}$$

En particulier en un point du plan, pour lequel $S_\Pi(M) = M$, on aura:

$$\vec{E}(M) = -S_\Pi(\vec{E}(M))$$

Or un vecteur opposé à son symétrique est nécessairement un vecteur orthogonal au plan.

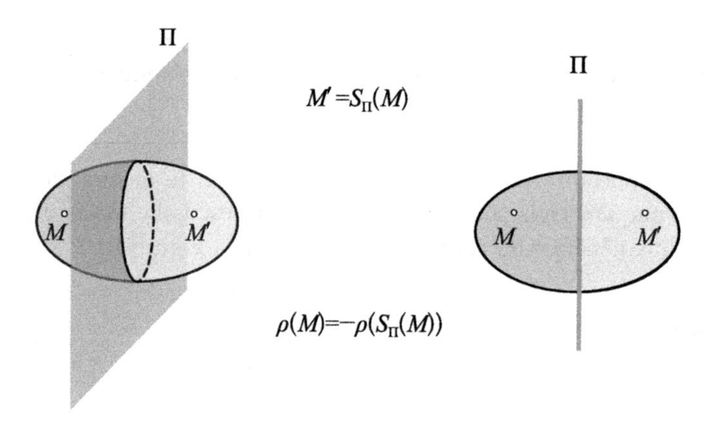

FIGURE 1.11 Distribution avec antisymétrie plane

> En un point d'un plan d'antisymétrie des charges, le champ électrique est perpendiculaire à ce plan.

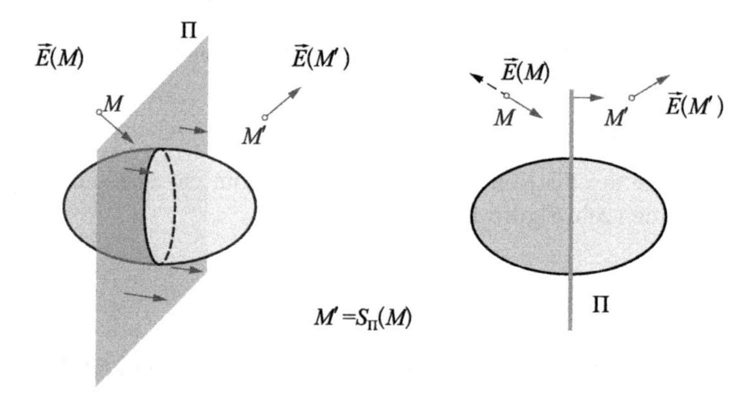

FIGURE 1.12 Champ avec antisymétrie plane

Activité 1-5

On dispose de 4 charges de même valeur absolue, $+q$, $+q$, $-q$, $-q$, placées sur un carré. Dans les deux cas possibles, étudier les plans de symétrie et d'antisymétrie du système et prévoir sans calcul l'allure des lignes de champ.

1.2.3.4 Invariance par rotation

Certaines distributions de charges possèdent une invariance par rotation autour d'un axe : pour tout point P, si P' est l'image d'un point P par rotation d'un angle α autour d'un axe Δ, alors $\rho(P') = \rho(P)$.

Dans ce cas, le champ électrostatique est aussi invariant par la même rotation.

En pratique, le cas utile est celui d'un invariance par *toute* rotation (c'est-à-dire d'un angle *quelconque*) autour d'un même axe, que l'on choisira généralement comme axe (Oz).

> Si la distribution de charges est invariante par toute rotation autour de l'axe (Oz) :
>
> - les composantes du champ créé, dans une base cylindrique, sont indépendantes de l'angle θ;
> - les composantes du champ créé, dans une base sphérique, sont indépendantes de l'angle φ.

Remarque

On ne peut pas dire que *le champ* $\vec{E}(M)$ est indépendant de l'angle θ (ou φ), car *les vecteurs unitaires* cylindriques $\vec{e}_r$ et $\vec{e}_\theta$ (ou sphériques $\vec{e}_r$, $\vec{e}_\theta$ et $\vec{e}_\varphi$) dépendent toujours de l'angle θ (ou φ).

Propriété

Dans une distribution invariante par toute rotation autour d'un certain axe, tout plan contenant cet axe est un plan de symétrie de la distribution.

Activité 1-6

Démontrer cette propriété.

1.2.3.5 Invariance par translation

Certaines distributions de charges sont modélisées comme des distributions infinies, possédant une invariance par translation parallèlement à un axe : pour tout point P, si P' est l'image d'un point P par translation d'une distance d parallèlement à un axe Δ, alors $\rho(P') = \rho(P)$.

Dans ce cas, le champ électrostatique est aussi invariant par la même translation.

En pratique, le cas utile est celui d'une invariance par *toute* translation (c'est-à-dire d'une distance *quelconque*) parallèlement au même axe, que l'on choisira par exemple comme axe (Oz).

> Si la distribution de charges est invariante par toute translation parallèlement à l'axe (Oz), les composantes du champ qu'elle crée sont indépendantes de la coordonnée z.

Propriété

Dans une distribution invariante par toute translation parallèlement à un certain axe, tout plan orthogonal à cet axe est un plan de symétrie de la distribution.

Activité 1-7

Démontrer cette propriété.

Combinaison de plusieurs invariances

Si une distribution est invariante par toute *translation* parallèlement à un certain axe, et aussi par toute *rotation* autour du même axe, on dit qu'elle possède la ***symétrie cylindrique*** par rapport à cet axe.

Si une distribution est invariante par *toute rotation* autour de *tout axe* passant par un certain point O, on dit qu'elle possède la ***symétrie sphérique*** autour de ce point.

1.2.4 Exemples de calculs directs de champ électrique

1.2.4.1 Segment chargé: champ dans son plan médian

Nous prenons un segment uniformément chargé de charge Q et de longueur ℓ et déterminons le champ en un point M du plan médian, passant par le milieu O du segment et distant de $r = OM$ de O. Nous suivons une approche systématique applicable à toutes les situations de calcul direct de champ.

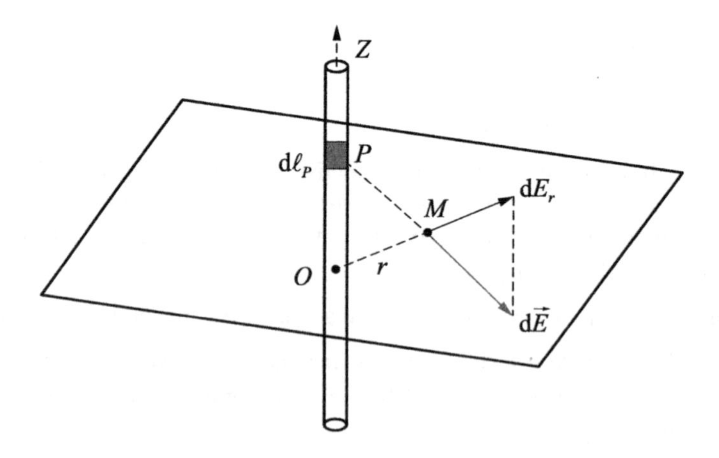

FIGURE 1.13 Champ créé par un segment

1. Analyse des symétries et invariances

Le plan (MOz), contenant l'axe et un point M quelconque, est un plan de symétrie, donc le champ $\vec{E}(M)$ est parallèle à ce plan: en coordonnées cylindriques, la composante E_θ est donc nulle.

Le plan médian (Oxy) est aussi un plan de symétrie, donc le champ $\vec{E}(M)$ est aussi parallèle à ce plan: en coordonnées cylindriques, la composante E_z est donc nulle.

Il reste donc une seule composante:

$$\vec{E}(M) = E_r(r, \theta)\,\vec{e_r}$$

(ici $z = 0$ pour tous les points M considérés).

De plus, le système présente une invariance par rotation autour de l'axe (Oz), donc dans cette base cylindrique, la composante du champ est indépendante de l'angle θ.

Le champ est donc finalement de la forme:

$$\vec{E}(M) = E_r(r)\,\vec{e_r}$$

2. Découpage et champ élémentaire

Un segment de longueur dz centré en P crée le champ:

$$\mathrm{d}\vec{E} = \frac{\lambda \mathrm{d}z}{4\pi\varepsilon_0} \times \frac{\overrightarrow{PM}}{PM^3} = \frac{\lambda \mathrm{d}z}{4\pi\varepsilon_0 (r^2 + z^2)^{3/2}} \times (r\vec{e_r} - z\vec{e_z}) \quad \text{avec} \quad \lambda = \frac{Q}{\ell}$$

3. Sommation de la composante utile

D'après l'étude des symétries, on sait qu'après sommation, seule la composante selon $\vec{e_r}$ sera non nulle. Par conséquent, on ne garde que celle-ci et on ne calcule pas l'autre. On obtient:

$$E_r(r) = \int_{-\ell/2}^{\ell/2} \frac{Qr}{\ell 4\pi\varepsilon_0} \frac{\mathrm{d}z}{(r^2 + z^2)^{3/2}}$$

En faisant le changement de variable $\tan\alpha = z/r$, on obtient:

$$E_r(r) = \frac{Q}{\ell r 4\pi\varepsilon_0} \times 2\sin\alpha_{\max} \quad \text{avec} \quad \tan\alpha_{\max} = \frac{\ell}{2r}$$

En fonction de r et z on peut écrire:

$$E_r(r) = \frac{Q}{4\pi\varepsilon_0 r} \frac{1}{\sqrt{r^2 + \ell^2/4}}$$

Finalement, on a obtenu le champ:

$$\boxed{\vec{E}(M) = \frac{Q}{4\pi\varepsilon_0 r} \frac{1}{\sqrt{r^2 + \ell^2/4}} \vec{e}_r}$$

On remarque plusieurs résultats importants.

- Quand $r \gg \ell$, on retrouve le champ d'une charge ponctuelle Q: "Vue" de loin, la distribution est assimilable à une charge ponctuelle.
- Quand $r \ll \ell$, on obtient la limite du *fil infini* uniformément chargé, que nous retrouverons dans le chapitre suivant (avec une autre méthode de calcul):

$$\vec{E}(M) = \frac{\lambda}{2\pi\varepsilon_0} \frac{\vec{e}_r}{r}$$

1.2.4.2 Anneau uniformément chargé: champ sur l'axe

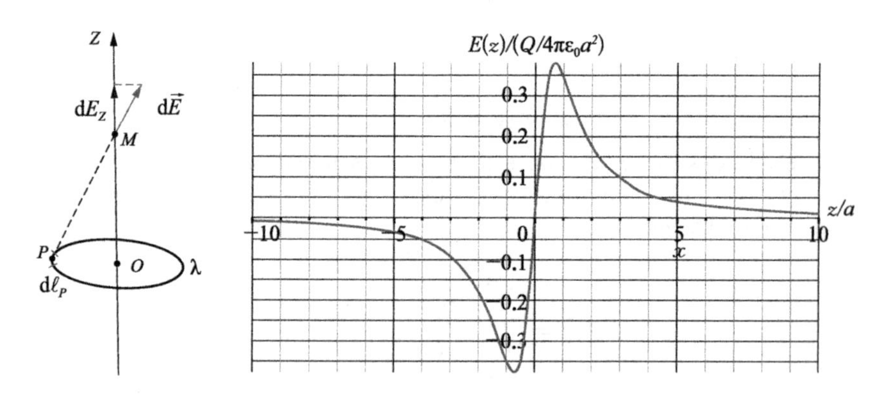

FIGURE 1.14 Champ créé par un anneau sur son axe

La situation est modélisée sur la Figure 1.14. Une charge Q est distribuée de façon uniforme sur un cercle de rayon a et de centre O. Nous calculons le champ uniquement sur un point de l'axe de l'anneau, choisi comme axe (Oz). Avec la méthode précédente, on obtient:

$$\vec{E}(M) = \frac{Q}{4\pi\varepsilon_0} \times \frac{z}{(z^2 + a^2)^{3/2}} \vec{e}_z.$$

Activité 1-8

Démontrer ce résultat.

Le champ est ici une fonction *impaire* de z, comme on peut le démontrer sans calcul par l'analyse des symétries.

Activité 1-9

Justifier-le.

Loin de l'anneau, pour $z \gg a$, on a bien, pour $z > 0$:

$$\vec{E}(M) = \frac{Q}{4\pi\varepsilon_0} \times \frac{1}{z^2}\,\vec{e}_z.$$

Le champ est alors le même que si toute la charge était concentrée en O.

1.3 POTENTIEL ÉLECTROSTATIQUE

1.3.1 Définition

1.3.1.1 Cas général

Nous admettrons que, pour tout champ électrostatique $\vec{E}(M)$, il existe un champ scalaire $V(M)$, appelé ***potentiel électrostatique*** tel que:

$$\boxed{\vec{E}(M) = -\overrightarrow{\text{grad}}\, V(M)}$$

Le potentiel électrostatique s'exprime habituellement en ***volts***.

Propriétés

- $V(M)$ est nécessairement continu en un point où le champ électrique reste fini.
- Le potentiel électrostatique n'est pas unique, mais il est déterminé à une constante additive près.

Activité 1-10

Démontrer-le.

1.3.1.2 Surface équipotentielles et lignes de champ

On définit une ***surface équipotentielle*** comme le lieu des points ayant même potentiel $V(M)$.

Sur une surface équipotentielle, $V(M)$ =cte.

Propriété

Considérons deux points voisins M et M' appartenant à une même surface équipotentielle: $V(M') - V(M) = 0$. Par définition du gradient:

$$V(M') - V(M) = \vec{\text{grad}} V(M) \cdot \overrightarrow{MM'} = 0.$$

On en déduit que le vecteur gradient est perpendiculaire à $\overrightarrow{MM'}$, quel que soit le point M' voisin de M.

Le champ électrique est perpendiculaire à la surface équipotentielle passant par M.

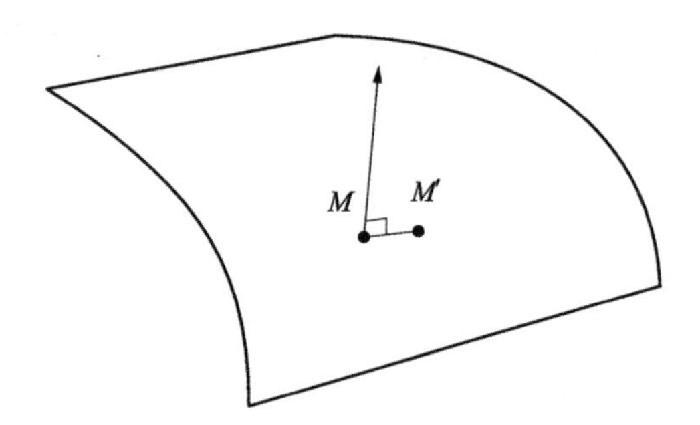

FIGURE 1.15 Surface équipotentielle et lignes de champ

1.3.1.3 Potentiel électrostatique d'un champ uniforme

Pour un champ uniforme $\vec{E} = E_0 \vec{e}_x$, le potentiel électrostatique vérifie:

$$\frac{\partial V}{\partial x} = -E_0; \quad \frac{\partial V}{\partial y} = 0; \quad \frac{\partial V}{\partial z} = 0$$

On en déduit:

$$\boxed{V = -E_0 x + K}$$

Dans un champ uniforme, le potentiel électrique est une fonction affine de la position (le long de la direction du champ).

1.3.2 Expressions générales du potentiel

1.3.2.1 Potentiel créé par une charge ponctuelle unique

Pour une charge ponctuelle placée en O, on remarque que l'on peut écrire:

$$\vec{E}(M) = \frac{q}{4\pi\varepsilon_0}\frac{\overrightarrow{OM}}{OM^3} = \frac{q}{4\pi\varepsilon_0}\frac{\vec{e}_r}{r^2} = -\frac{\mathrm{d}}{\mathrm{d}r}\left(\frac{q}{4\pi\varepsilon_0}\times\frac{1}{r}\right)\vec{e}_r$$

Donc:

$$\vec{E}(M) = -\overrightarrow{\mathrm{grad}}\,V(M) \quad \text{avec} \quad V(M) = \frac{q}{4\pi\varepsilon_0}\times\frac{1}{r} + K = \frac{q}{4\pi\varepsilon_0}\times\frac{1}{OM} + K$$

D'une façon plus générale, on peut écrire, pour une charge ponctuelle placée en P

$$\vec{E}(M) = -\overrightarrow{\mathrm{grad}}\,V(M) \quad \text{avec} \quad V(M) = \frac{q}{4\pi\varepsilon_0}\times\frac{1}{PM} + K$$

Activité 1-11

Vérifier explicitement cette affirmation en utilisant les coordonnées cartésiennes.

En prenant l'origine des potentiels à l'infini:

$$V(r \to \infty) = 0$$

nous obtenons, pour une charge ponctuelle:

$$\boxed{V(M) = \frac{q}{4\pi\varepsilon_0}\times\frac{1}{PM}}$$

1.3.2.2 Expression intégrale du potentiel

En utilisant le théorème de superposition, on peut déterminer le potentiel électrostatique pour une distribution quelconque, en la découpant en petits éléments de charges quasi ponctuels et en utilisant l'expression précédente (voir Figure 1.16). En prenant l'origine des potentiels à l'infini, chaque élément de charge $\mathrm{d}Q_p$ crée un potentiel:

$$dV(M) = \frac{\mathrm{d}Q_p}{4\pi\varepsilon_0}\frac{1}{PM}$$

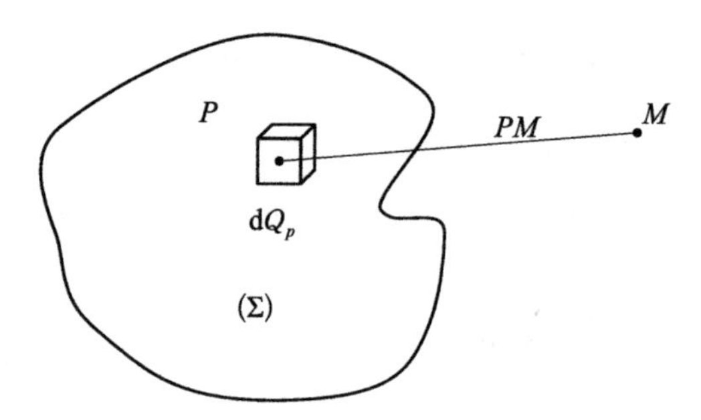

FIGURE 1.16 Expression intégrale du potentiel

En sommant il vient:

$$\boxed{V(M) = \int_{(\Sigma)} \frac{\mathrm{d}Q_p}{4\pi\varepsilon_0} \frac{1}{PM}}$$

Pour une distribution discrète, on peut écrire de même:

$$\boxed{V(M) = \sum_i \frac{q_i}{4\pi\varepsilon_0} \frac{1}{P_i M}}$$

Remarque

La seule restriction à ces formules est que la distribution doit avoir une extension spatiale finie, car sinon il est impossible de fixer l'origine des potentiels à l'infini.

1.3.2.3 Exemple

Reprenons la situation de la Figure 1.14. Pour un point M de l'axe on a:

$$PM = \sqrt{a^2 + z^2}$$

Le potentiel est donc, sur l'axe:

$$V(M) = \int \frac{\mathrm{d}Q_p}{4\pi\varepsilon_0\sqrt{a^2 + z^2}} = \frac{1}{4\pi\varepsilon_0\sqrt{a^2 + z^2}} \int \mathrm{d}Q_p = \frac{Q}{4\pi\varepsilon_0\sqrt{a^2 + z^2}}$$

Cette expression permet de déterminer le champ électrique en M en écrivant simplement:

$$\vec{E}(M) = -\frac{\partial V}{\partial z}\vec{e}_z = \frac{Q}{4\pi\varepsilon_0} \frac{z}{(a^2 + z^2)^{3/2}} \vec{e}_z$$

1.3.3 Circulation du champ électrostatique

1.3.3.1 Rappel: circulation

Rappelons que la ***circulation*** d'un champ $\vec{A}(M)$ le long d'une courbe (C) orientée, entre un point M et un point N, est l'intégrale curviligne:

$$\boxed{C_{\vec{A},MN} = \int_{MN} \vec{A}(P) \cdot \mathrm{d}\vec{\ell_p}}$$

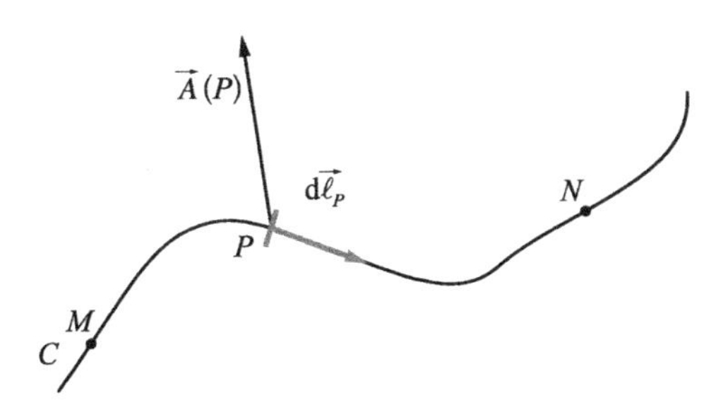

FIGURE 1.17 Circulation

1.3.3.2 Circulation du champ électrostatique

Pour un déplacement $\mathrm{d}\vec{\ell_p}$, on a une circulation élémentaire:

$$\vec{E}(P) \cdot \mathrm{d}\vec{\ell_p} = -\overrightarrow{\mathrm{grad}}\, V(P) \cdot \mathrm{d}\vec{\ell_p} = -\mathrm{d}V$$

Par conséquent

$$C_{\vec{E},MN} = \int_M^N -\mathrm{d}V = V(M) - V(N)$$

Nous retenons:

$$\boxed{\int_{MN} \vec{E}(P) \cdot \mathrm{d}\vec{\ell_p} = V(M) - V(N)}$$

Cette circulation est indépendante du chemin suivi entre les points M et N. On dit que le champ $\vec{E}$ est un champ à ***circulation conservative.***

1.3.3.3 Circulation sur une courbe fermée

Si la courbe étudiée est fermée, les points initial et final sont confondus et on a, pour toute courbe (Γ) orientée et fermée:

$$\boxed{\oint_{(\Gamma)} \vec{E}(P) \cdot \mathrm{d}\vec{\ell}_p = 0}$$

Activité 1-12

En déduire que les lignes de champ électrostatique ne peuvent pas être des courbes fermées.

1.3.3.4 Force électrique et potentiel électrostatique

Nous savons que le travail de la force électrique subie par une charge q entre deux points M et N est donné par

$$W = \int_{MN} q\vec{E}(P) \cdot \mathrm{d}\vec{\ell}_p = q(V(M) - V(N)) = [-qV]_M^N$$

La force électrique subie par q est donc bien conservative. Elle peut être associée à l'énergie potentielle électrostatique:

$$\boxed{E_p(M) = qV(M)}$$

Le potentiel électrostatique peut donc être compris comme l'énergie potentielle de la force électrique par unité de charge.

1.4 DIPÔLE ÉLECTROSTATIQUE

1.4.1 Doublet de charges

1.4.1.1 Potentiel créé par un doublet de charges

Un doublet de charges est constitué de deux charges opposées $-q$, $+q$ situées aux points N et P, distantes de a et situés symétriquement par rapport à O (voir Figure 1.18).

La situation possède une invariance par rotation autour de l'axe Oz portant les deux charges. On peut donc se contenter de l'étude dans un plan contenant cet

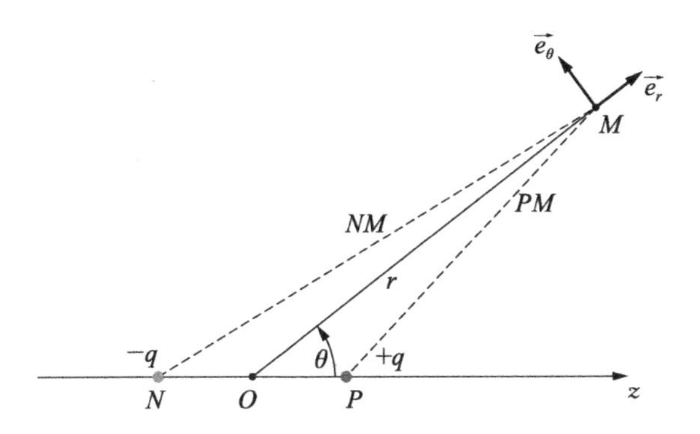

FIGURE 1.18 Dipôle électrostatique

axe. le potentiel en un point M quelconque est:

$$V(M) = \frac{q}{4\pi\varepsilon_0} \times \left(-\frac{1}{NM} + \frac{1}{PM}\right).$$

1.4.1.2 Approximation dipolaire

Nous allons donner une expression approchée de ce potentiel *à grande distance*, c'est-à-dire pour $r \gg a$: on est alors dans l'***approximation dipolaire***, et le doublet "vu de loin" est appelé un ***dipôle électrostatique***. Dans ce cas, le potentiel s'exprime simplement en fonction du ***moment dipolaire*** du système, défini par:

$$\boxed{\vec{p} \overset{\text{def}}{=} q \times \overrightarrow{NP}}$$

On obtient en *coordonnées sphériques*, en faisant un développement limité au premier ordre en a/r:

$$\boxed{V(r,\theta) = \frac{p\cos\theta}{4\pi\varepsilon_0 r^2} = \frac{\vec{p}\cdot\vec{e}_r}{4\pi\varepsilon_0 r^2} \quad \text{pour} \quad r \gg a}$$

Activité 1-13

Démontrer ce résultat.

On peut en donner une expression intrinsèque (indépendante de toute base):

$$\boxed{V(M) = \frac{\vec{p}\cdot\overrightarrow{OM}}{4\pi\varepsilon_0\, OM^3} \quad \text{pour} \quad OM \gg a}$$

1.4.1.3 Champ électrique

Le champ électrique est donné dans le cas général par:

$$\vec{E}(M) = -\overrightarrow{\text{grad}}\, V(M)$$

En adoptant les coordonnées sphériques, on obtient

$$\vec{E}(M) = -\frac{\partial V}{\partial r}\vec{e}_r - \frac{1}{r}\frac{\partial V}{\partial \theta}\vec{e}_\theta \stackrel{\text{def}}{=} E_r\vec{e}_r + E_\theta\vec{e}_\theta$$

À grande distance du dipôle, on peut utiliser l'expression précédente du potentiel et il vient:

$$\boxed{E_r = \frac{2p\cos\theta}{4\pi\varepsilon_0 r^3}; \quad E_\theta = \frac{p\sin\theta}{4\pi\varepsilon_0 r^3} \quad \text{pour} \quad r \gg a}$$

L'expression vectorielle intrinsèque du champ est parfois utile:

$$\boxed{\vec{E} = \frac{3(\vec{p}\cdot\overrightarrow{OM})\overrightarrow{OM} - OM^2\vec{p}}{4\pi\varepsilon_0\, OM^5}}$$

Activité 1-14

Vérifier que cette formule correspond bien à l'expression en coordonnées sphériques.

L'allure des lignes de champ à grande distance est représentée sur la Figure 1.19.

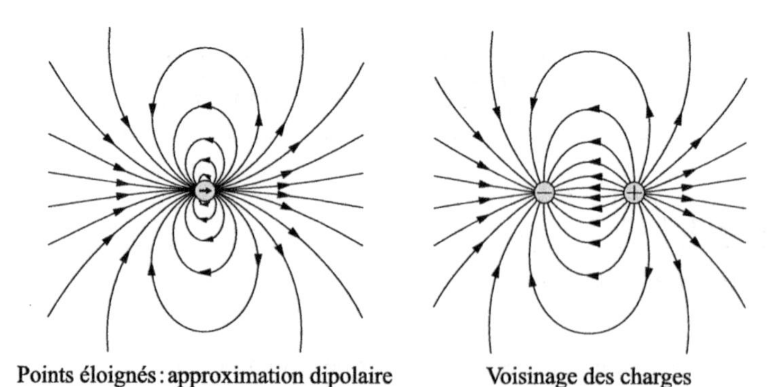

FIGURE 1.19 Champ du doublet de charges

1.4.2 Développement dipolaire pour une distribution quelconque

1.4.2.1 Développement dipolaire

Considérons une distribution volumique de charges quelconque, $\rho(P)$ d'extension finie L, centrée autour du point O. On cherche à déterminer de façon approchée le potentiel électrostatique en un point éloigné.

L'expression générale du potentiel en un point M est:

$$V(M) = \iiint_{(V)} \frac{\rho(P)}{4\pi\varepsilon_0} \frac{1}{PM} \mathrm{d}\tau_p$$

En un point éloigné M tel que $OM \gg L$, on a, au premier ordre en L/OM:

$$\frac{1}{PM} \simeq \frac{1}{OM} + \frac{\overrightarrow{OP} \cdot \overrightarrow{OM}}{OM^3}$$

et donc

$$V(M) = \iiint_{(V)} \frac{\rho(P)}{4\pi\varepsilon_0} \left(\frac{1}{OM} + \frac{\overrightarrow{OP} \cdot \overrightarrow{OM}}{OM^3} \right) \mathrm{d}\tau_p$$

En posant:

$$Q \stackrel{\text{def}}{=} \iiint_{(V)} \rho(P) \mathrm{d}\tau_p \quad \text{et} \quad \vec{p} \stackrel{\text{def}}{=} \iiint_{(V)} \rho(P) \overrightarrow{OP} \mathrm{d}\tau_p$$

on obtient l'expression du potentiel dans l'approximation dipolaire, à l'ordre 1 en L/OM, pour $OM \gg L$:

$$V(M) = \frac{Q}{4\pi\varepsilon_0} \frac{1}{OM} + \frac{\vec{p} \cdot \overrightarrow{OM}}{4\pi\varepsilon_0 OM^3}$$

À ce niveau de précision, le champ ressenti loin de la distribution ne dépend pas des détails de celle-ci mais seulement de deux grandeurs: Q et $\vec{p}$.

1.4.2.2 Cas d'une distribution globalement chargée

Si la charge totale n'est pas nulle, on se contente le plus souvent du terme d'ordre 0 en L/OM, ou terme ***monopolaire***:

$$V(M) \simeq \frac{Q}{4\pi\varepsilon_0} \frac{1}{OM}$$

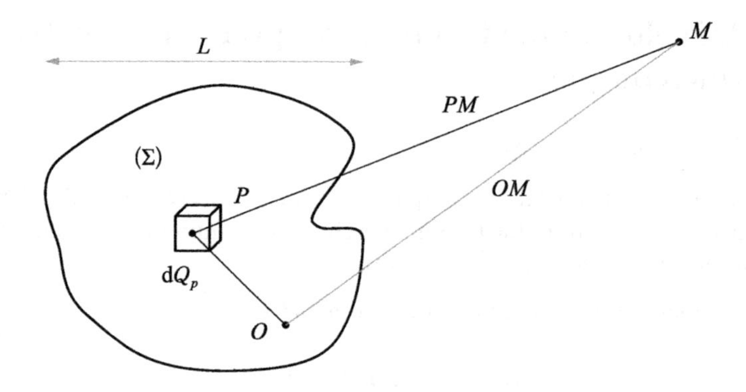

FIGURE 1.20 Développement dipolaire

Une distribution globalement chargée, vue de loin, se comporte comme une charge ponctuelle.

Application

À l'échelle microscopique, ceci décrit le comportement des *ions*.

1.4.2.3 Cas d'une distribution globalement neutre

Un cas particulièrement important en pratique est celui d'une distribution dont la charge globale est nulle: $Q = 0$. Pour une distribution de charge totale nulle, le terme d'ordre 0 en L/OM est nul, et le terme dominant à grande distance est généralement le terme ***dipolaire***:

$$\boxed{V(M) = \frac{\vec{p}\cdot\overrightarrow{OM}}{4\pi\varepsilon_0 OM^3}}$$

De plus le moment dipolaire

$$\vec{p} \stackrel{\text{def}}{=} \iiint_{(V)} \rho(P)\overrightarrow{OP}\mathrm{d}\tau_p$$

est maintenant indépendant du point O choisi pour l'évaluer.

Activité 1-15

Démontrer ce résultat.

Remarquons que l'on peut représenter le moment dipolaire comme un doublet de charges. Supposons que l'on sépare les charges en charges positives et charges négatives. On peut ainsi définir le barycentre des charges positives, dont la charge totale est Q_+:

$$\overrightarrow{OG}_+ = \frac{1}{Q_+} \iiint_{\text{charges}>0} \rho(P)\overrightarrow{OP}\mathrm{d}\tau_p$$

où l'intégrale ne considère que les régions où $\rho(P) > 0$. On définit de même le barycentre des charges négatives, de charge totale $Q_- = -Q_+$:

$$\overrightarrow{OG}_- = \frac{1}{Q_-} \iiint_{\text{charges}<0} \rho(P)\overrightarrow{OP}\mathrm{d}\tau_p$$

On a alors évidemment:

$$\vec{p} = Q_+ \times \overrightarrow{G_-G_+}$$

Application

À l'échelle microscopique, ceci décrit le comportement des ***molécules polaires***. Leur moment dipolaire provient de la *séparation spatiale des barycentres* des charges positives et négatives.

Distributions non dipolaires

Il est possible que le moment dipolaire d'une distribution globalement neutre soit nul lui aussi. C'est le cas par exemple de toutes les ***molécules apolaires*** comme le dioxyde de carbone CO_2. Pour étudier l'influence électrostatique de ces molécules, il faut poursuivre le développement limité de $1/PM$ à des ordres plus élevés en L/OM pour voir apparaître une contribution non nulle au potentiel: terme quadripolaire, octopolaire$\cdots$Ce développement multipolaire dépasse le niveau de notre cours.

1.4.3 Dipôle électrostatique plongé dans un champ électrique

Les résultats de ce paragraphe sont établis en considérant un doublet de charges $(-q, q)$ placés aux points N et P, de moment dipolaire $\vec{p} = q \times \overrightarrow{NP}$. Ils restent valables pour une distribution quelconque de même moment dipolaire.

1.4.3.1 Résultante des forces

Plaçons le dipôle dans un champ extérieur $\vec{E}_{\text{ext}}(M)$. La force totale subie par le dipôle est:

$$\vec{F} = -q \times \vec{E}_{\text{ext}}(N) + q \times \vec{E}_{\text{ext}}(P)$$

Si le champ est uniforme, on aura:

$$\vec{E}_{\text{ext}}(N) = \vec{E}_{\text{ext}}(P) \quad \text{et} \quad \vec{F} = \vec{0}$$

La résultante des forces sur un dipôle dans un champ uniforme est nulle.

Si le champ n'est pas uniforme au niveau du dipôle, la force n'est en général pas nulle.

Étudions l'exemple d'un dipôle de dimension spatiale a, dans la direction $\vec{e}_x$, placé en x et soumis à un champ lui-même dans la direction x: $\vec{E} = E(x)\vec{e}_x$. La force est elle-même dans la direction $\vec{F} = F\vec{e}_x$, avec:

$$F = -qE\left(x - \frac{a}{2}\right) + qE\left(x + \frac{a}{2}\right) \simeq qa \times \frac{\mathrm{d}E}{\mathrm{d}x}(x) = p \times \frac{\mathrm{d}E}{\mathrm{d}x}(x).$$

On a donc une force non nulle, dirigée dans le sens des champs croissants. Ce résultat est général.

Un dipôle parallèle au champ extérieur est soumis à une force orientée vers les régions où le champ extérieur est le plus intense.

1.4.3.2 Moment résultant dans un champ uniforme

Dans le cas d'un champ uniforme, les actions subies par le dipôle sont un ***couple*** de moment $\vec{\Gamma}$ donné par:

$$\vec{\Gamma} = \overrightarrow{OP} \wedge q\vec{E}_{\text{ext}} + \overrightarrow{ON} \wedge -q\vec{E}_{\text{ext}} = \overrightarrow{NP} \wedge q\vec{E}_{\text{ext}}$$

Le couple s'écrit donc simplement:

$$\boxed{\Gamma = \vec{p} \wedge \vec{E}_{\text{ext}}}$$

Ce couple tend à aligner le dipôle sur le champ. Il s'écrit, avec les notations de la Figure 1.21:

$$\vec{\Gamma} = -pE_{\text{ext}} \sin\theta \vec{e}_z$$

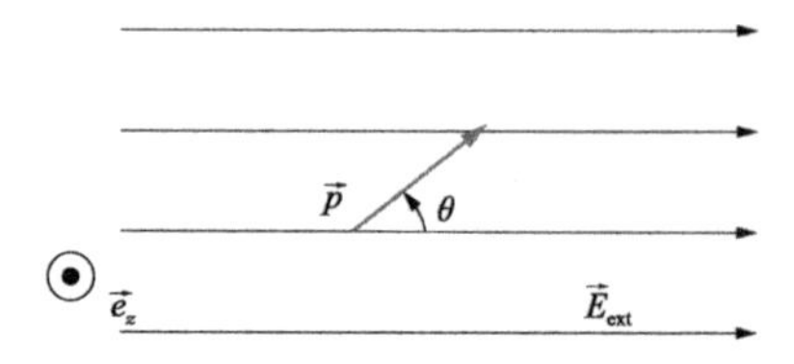

FIGURE 1.21 Couple sur un dipôle électrostatique

1.4.3.3 Énergie potentielle d'interaction

L'énergie potentielle du dipôle dans le champ électrostatique extérieur associé au potentiel $V_{\text{ext}}(M)$ est:

$$E_p = -q \times V_{\text{ext}}(N) + q \times V_{\text{ext}}(P)$$

Si le potentiel varie peu à l'échelle du dipôle, on peut écrire, pour un dipôle placé en O (milieu de NP):

$$V_{\text{ext}}(P) \simeq V_{\text{ext}}(N) + \overrightarrow{NP} \cdot \vec{\text{grad}}\, V_{\text{ext}} = V_{\text{ext}}(N) - \overrightarrow{NP} \cdot E_{\text{ext}}(O)$$

Par conséquent, même dans un champ non uniforme, et à la seule condition que le potentiel extérieur varie peu à l'échelle du dipôle, nous aurons:

$$\boxed{E_p = -\vec{p} \cdot \vec{E}_{\text{ext}}(O)}$$

L'énergie potentielle est minimale quand le dipôle est parallèle à $\vec{E}_{\text{ext}}$ (angle $\theta = 0$) et elle est maximale quand le dipôle est de sens opposé à $\vec{E}_{\text{ext}}$ (angle $\theta = \pi$).

EXERCICES 1

Exercice 1-1: Distributions de charges

1. Un cylindre de rayon R, de hauteur H et de centre O est chargé avec la densité volumique de charges: $\rho(r) = \rho_0 \left(1 - \dfrac{r^2}{R^2}\right)$ (coordonnées cylindriques). Déterminer la charge totale du cylindre. Comment définir la densité volumique de charge *moyenne* de cette distribution? La calculer.
2. Une couche plane perpendiculaire à la direction $\vec{e}_z$, d'épaisseur $2H$ ($-H \leqslant z \leqslant H$) et d'aire A est chargée avec la densité volumique de charges $\rho(z) = \rho_0 \left(1 - \dfrac{z^2}{H^2}\right)$. Déterminer la charge totale de la distribution.
3. L'espace est chargé avec la densité volumique de charges à symétrie sphérique $\rho(r) = \dfrac{\rho_0 R^2}{r^2} \exp(-r/R)$ (coordonnées sphériques). Déterminer la charge totale dans l'espace.

Exercice 1-2: Champ de deux demi-cercles opposés

On considère une distribution ayant la même géométrie que sur la Figure 1.14. Mais on suppose ici que le cercle porte une densité linéique positive $+\lambda$ sur une moitié (demi-cercle tel que $x > 0$), et $-\lambda$ sur l'autre.

1. Faire un schéma précis (en perspective).
2. Par analyse des symétries, puis calcul intégral direct, déterminer le champ électrostatique créé en un point M de l'axe.
3. Faire une représentation graphique de la fonction trouvée.

Exercice 1-3: Potentiel et champ d'un disque sur son axe

Un disque de rayon R, de centre O, dans le plan Oxy, est uniformément chargé en surface avec une densité σ.

1. Déterminer, par calcul intégral, le potentiel sur l'axe Oz.
2. En déduire le champ sur l'axe.

Exercice 1-4: Potentiel et champ d'une sphère uniformément chargée en surface

Soit une sphère de rayon R et de centre O, chargée avec la densité surfacique uniforme σ. On prendra le potentiel nul à l'infini.

1. Calculer le potentiel électrostatique au point O.
2. Déterminer les invariances du potentiel $V(M)$ dans tout l'espace. Les plans de symétrie apportent-ils une information supplémentaire?
3. Calculer le potentiel en prenant M sur l'axe (Oz), à l'intérieur ou à l'extérieur à la sphère.
4. En déduire le champ électrostatique en tout point M, en fonction de ε_0, Q (charge totale de la sphère) et de r. Vérifier que pour un point M extérieur à la sphère on retrouve un résultat connu. Que peut-on dire du champ à la surface de la sphère?

Exercice 1-5: Développement du potentiel d'un système de quatre charges

Quatre charges identiques Q se situent au sommet d'un carré dont la diagonale vaut $2a$.

1. Quel est le champ électrique au centre O du carré ?
2. Soit un point $M(x, y, z)$ un point très voisin de O. Donner un développement limité au premier ordre en x/a, y/a, z/a du champ électrique qui y est créé.
3. On écrit le potentiel en M sous la forme d'un développement limité à l'ordre 2: $V(x, y, z) = V_0 + \alpha x + \beta y + \gamma z + Ax^2 + By^2 + Cz^2 + Dxy + Fyz + Gzx$. À partir d'arguments de symétrie, déterminer sans calculs les coefficients nuls et les relations existant entre les coefficients non nuls.
4. À l'aide des équations locales de l'électrostatique, qui seront vues dans le livre

Fondements de l'électromagnétisme, on peut montrer que l'on a en plus $C = -2A$. Donner la seule forme acceptable de $V(M)$ et vérifier la compatibilité avec le champ déterminé ci-dessus.

5. Une particule q (telle que $qQ > 0$) et de masse m est lancée d'un point $M_0(x_0, y_0, 0)$ avec une vitesse $\vec{V}_0 = u_0\vec{e}_x + v_0\vec{e}_y$. Déterminer sa trajectoire et montrer que son mouvement est périodique. Exprimer sa pulsation en fonction des données. Étudier le cas particulier d'une vitesse initiale nulle.
6. Peut-on conclure de ce qui précède que O est une position d'équilibre stable de la particule ?

Exercice 1-6: Champ créé par une spire chargée

On considère une spire circulaire uniforme, de charge totale Q, de centre O, de rayon a et d'axe Oz.

1. Par des arguments de symétrie, déterminer l'allure des lignes du champ $\vec{E}$ dans le plan Oxy de la spire. Que vaut le champ en O?

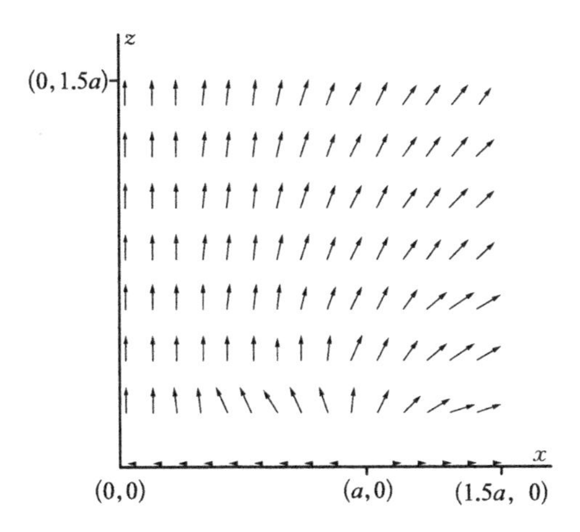

2. La figure ci-dessus représente la carte de champ d'une portion du plan Oxz. Seules les directions du champ sont représentées.
   (a) En un point de ce plan, le champ possède-t-il une composante selon $\vec{e}_y$?
   (b) Dessiner schématiquement quelques lignes de champ pour *l'ensemble du plan Oxz*.
   (c) Dessiner l'allure des lignes de champ au voisinage immédiat de la spire.
   (d) Dessiner schématiquement l'allure des équipotentielles de ce système.
3. Expressions du potentiel et du champ
   (a) Déterminer directement le potentiel électrostatique créé en un point de

l'axe de la spire situé à la cote z (prendre l'origine des potentiels à l'infini).

(b) En déduire l'expression du champ électrique $\vec{E}(z) = E_0(z)\vec{e}_z$ sur l'axe de la spire. Déterminer une expression approchée de ce champ pour $z \gg a$. Pouvait-on prévoir ce résultat?

Exercice 1-7: Ligne dipolaire

Deux fils infinis parallèles à l'axe Oz, occupant les droites $(x = -d/2, y = 0)$ et $(x = d/2, y = 0)$, donc distants de d, portent respectivement les densités linéiques de charges $-\lambda$ et $+\lambda$ (figure ci-dessous). On se propose de calculer le champ $\vec{E}$ et le potentiel créés dans l'espace à grande distance des deux fils.

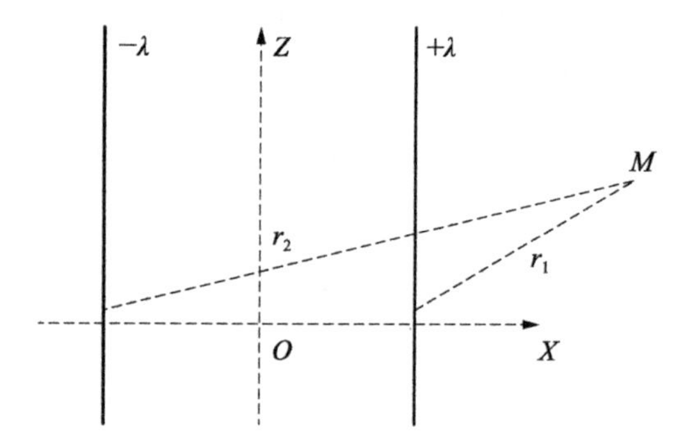

1. Décomposer $\vec{E}$ dans la base des coordonnées cylindriques d'axe Oz et préciser la dépendance de ses composantes avec (r, θ, z). Que peut-on dire du plan $x = 0$?
2. À partir de l'expression du champ électrique, déterminé dans le cours, trouver l'expression du potentiel créé par *un fil* infini chargé uniformément. En déduire le potentiel $V(M)$ en fonction de r_1 et r_2 (distances de M aux fils, cf. figure) en prenant par convention $V = 0$ en O.
3. Donner l'expression $V(r, \theta)$ lorsque le point M est à très grande distance du fil (on posera $p_\ell = \lambda d$). En déduire le champ électrique au point M.
4. Donner l'équation des équipotentielles. Faire une représentation graphique.
5. Déterminer les lignes du champ $\vec{E}$ dans les coordonnées cylindriques.

Exercice 1-8: Distribution surfacique de dipôles

Un disque de centre O et de rayon R, dans le plan Oxy, est recouvert de façon uniforme par des dipôles électrostatiques, de moment dipolaires tous de même sens et parallèles à l'axe de révolution du disque Oz. On désigne par σ_p la "densité surfacique de moment dipolaire".

1. Quel est le moment dipolaire $d\vec{p}$ d'un élément de surface ds du disque? Quelle est l'unité de σ_p?

2. Exprimer le potentiel V et le champ $\vec{E}$ en un point M de l'axe Oz repéré par sa cote z.

Exercice 1-9: Topographie du champ électrostatique

Les figures suivantes montrent, à deux échelles différentes, les lignes (orientées par $\vec{E}$) du champ électrostatique créé par un ensemble de charges ponctuelles. Toutes les charges créant le champ sont dans le plan de la figure. Au moins un exemple de chaque type de ligne de champ est représenté. On note q la valeur de la plus petite (en valeur absolue) des charges. Les autres valeurs sont des multiples entiers (positifs ou négatifs) de q. On donne les coordonnées cartésiennes de $A(24a, 75a)$, $B(0,0)$, $C(24a, -8a)$, $D(75a, 0)$, où a est l'unité de longueur.

Déterminer, d'après les figures:

1. le nombre et la position des charges utilisées;
2. les valeurs des charges en fonction de q;
3. le signe de q.

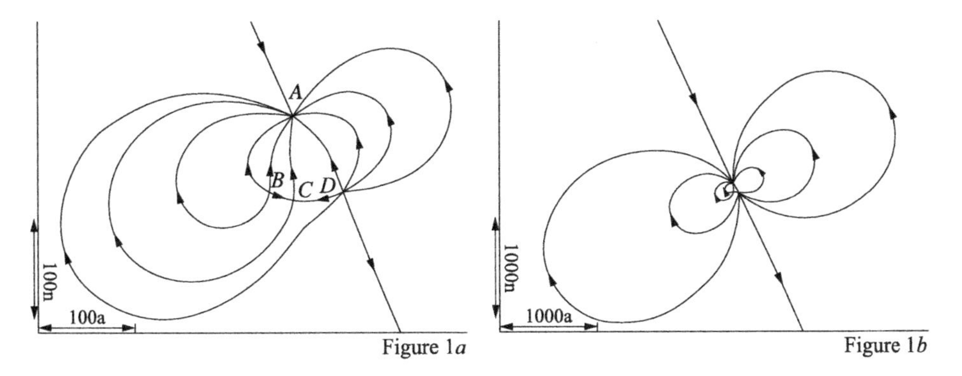

Figure 1a Figure 1b

2 THÉORÈME DE GAUSS – ÉQUATIONS LOCALES DE L'ÉLECTROSTATIQUE

2.1 THÉORÈME DE GAUSS ET APPLICATIONS

2.1.1 Flux d'un champ de vecteurs

2.1.1.1 Définition

Considérons un champ de vecteurs $\vec{A}(M)$ et une surface (S) orientée par un vecteur unitaire local $\vec{n}_M$ (voir Figure 2.1). La surface (S) est découpée en petits éléments de surface $\mathrm{d}s_M$.

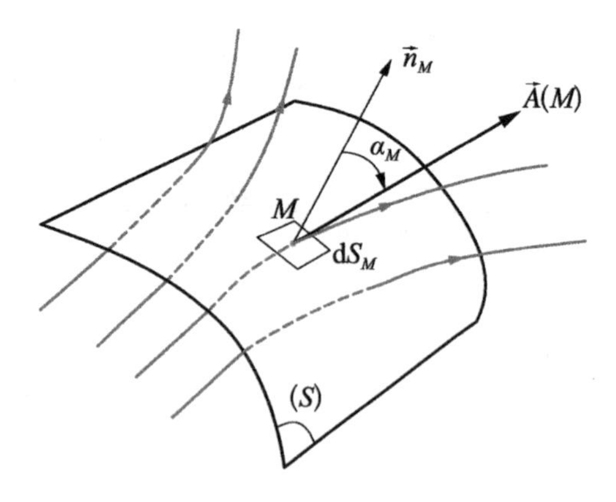

FIGURE 2.1 Flux d'un champ de vecteurs

On appelle ***flux élémentaire*** de $\vec{A}$ à travers $\mathrm{d}s_M$ la quantité

$$\boxed{\mathrm{d}\Phi_{\vec{A}/(S)} \stackrel{\text{def}}{=} \vec{A}(M) \cdot \vec{n}_M \, \mathrm{d}s_M = \| \vec{A}(M) \| \times \cos \alpha_M \times \mathrm{d}s_M}$$

Le flux de $\vec{A}$ à travers (S) est défini par la somme des termes élémentaires:

$$\boxed{\Phi_{\vec{A}/(S)} \overset{\text{def}}{=} \iint_{(S)} \vec{A}(M) \cdot \vec{n}_M \, \mathrm{d}s_M}$$

2.1.1.2 Exemple

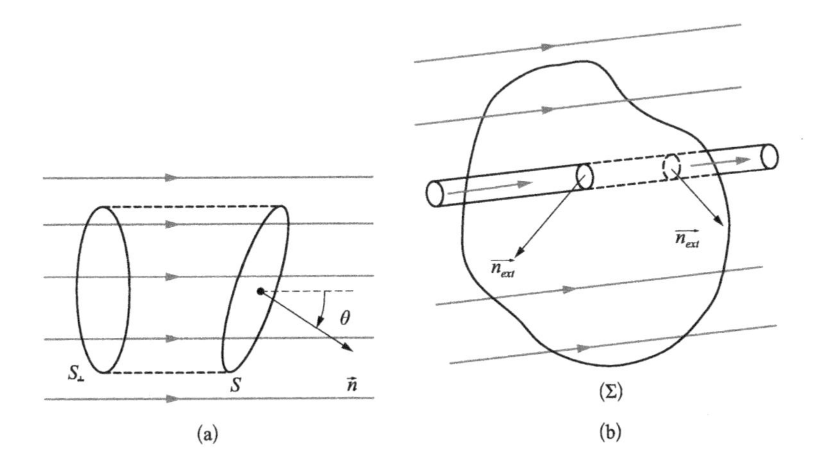

FIGURE 2.2 Flux d'un champ uniforme

Flux d'un champ uniforme à travers une surface plane [voir Figure 2.2(a)]

Le champ est $\vec{A} = A\vec{e}_x$.On note θ l'angle entre la normale $\vec{n}$ de la surface et $\vec{e}_x$. Le flux est alors évidemment:

$$\boxed{\Phi_{\vec{A}/(S)} = A \times S \times \cos\theta}$$

Noter que seule compte la surface projetée de S sur la normale au champ. Toutes les surfaces de même surface projetée donnent le même flux.

Flux d'un champ uniforme à travers une surface fermée [voir Figure 2.2(b)]

Prenons le même champ $\vec{A} = A\vec{e}_x$ à travers une surface fermée, orientée vers l'extérieur. Considérons comme sur la figure de petits tubes de champ. Tous les éléments coupent la surface fermée avec la même surface projetée (la section du tube). Mais les produits scalaires sont opposés, donc le flux associé à chaque tube est nul et le flux total également.

> Le flux d'un champ uniforme à travers une surface fermée est nul.

2.1.1.3 Angle solide

Considérons un champ radial en $\frac{1}{r^2}$:

$$\vec{A}(M) = \frac{1}{r^2}\vec{e}_r = \frac{\overrightarrow{OM}}{OM^3}.$$

Le flux élémentaire de ce champ à travers un élément de surface quelconque est noté

$$\boxed{\mathrm{d}\Omega = \frac{1}{r^2}\vec{e}_r \cdot \vec{n}_M \mathrm{d}s_M}$$

et s'appelle ***angle solide élémentaire*** de l'élément de surface $\mathrm{d}s_M$ vu de O.

Considérons un cône issu de O (voir Figure 2.3), de petites extensions angulaires $\mathrm{d}\theta$ et $\mathrm{d}\varphi$ autour d'une direction moyenne définie par les angles sphériques θ, φ.

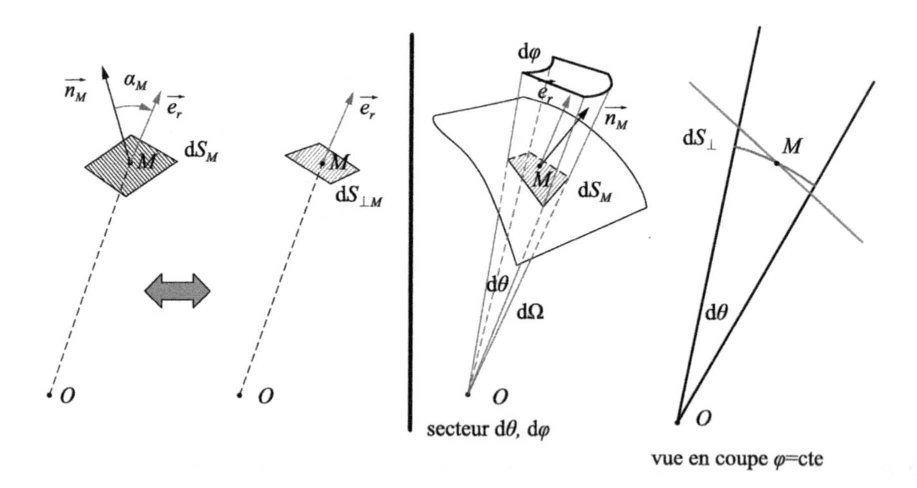

FIGURE 2.3 Angle solide

Ce cône intercepte une surface (S) sur un élément $\mathrm{d}s_M$ d'orientation $\vec{n}_M$. L'angle solide sous lequel on voit cet élément de surface est donc

$$\mathrm{d}\Omega = \frac{1}{r^2}\mathrm{d}s_M \cos\alpha_M = \pm\frac{1}{r^2}\mathrm{d}s_{\perp M}$$

où $\mathrm{d}S_{\perp M}$ est l'élément de surface d'une sphère de rayon r intercepté par le cône. Il est donné par la relation connue:

$$\mathrm{d}s_{\perp M} = r^2 \sin\theta \mathrm{d}\theta \mathrm{d}\varphi.$$

Le signe de $\mathrm{d}\Omega$ est le même que celui du produit scalaire $\vec{e}_r \cdot \vec{n}_M$.

Par conséquent, si $\vec{e}_r$ et $\vec{n}_M$ sont dans le même sens:

$$\mathrm{d}\Omega = \sin\theta \mathrm{d}\theta \mathrm{d}\varphi$$

La valeur absolue de l'angle solide élémentaire ne dépend ni de la distance à laquelle se trouve la surface considérée ni de son orientation: il ne dépend que du cône lui-même.

L'angle solide sous lequel on voit une surface finie donnée est la somme des angles solides élémentaires:

$$\Omega = \iint_{(S)} \frac{1}{r^2} \vec{e}_r \cdot \vec{n}_M \mathrm{d}s_M$$

Activité 2-1

Déterminer l'angle solide sous lequel on voit une sphère depuis son centre.

Angle solide sous lequel on voit une surface fermée

Considérons une surface fermée (Σ), orientée vers l'extérieur. Si le point O est à l'intérieur de la surface, on a:

$$\Omega = \int_{\theta=0}^{\pi} \int_{\varphi=0}^{2\pi} \sin\theta \mathrm{d}\theta \mathrm{d}\varphi = 2\pi \times \int_{\theta=0}^{\pi} \sin\theta \mathrm{d}\theta = 4\pi$$

Si le point O est à l'extérieur de la surface, chaque petit cône intercepte la surface (Σ) en deux éléments de normales orientées en des sens opposés, correspondant à des angles solides opposés (voir Figure 2.4). Tous ces angles solides se compensent deux à deux et au total $\Omega = 0$.

L'angle solide sous lequel on voit une surface fermée orientée vers l'extérieur depuis un point donné est le suivant.

$\Omega = 4\pi$ si le point est à l'intérieur; $\Omega = 0$ si le point est à l'extérieur.

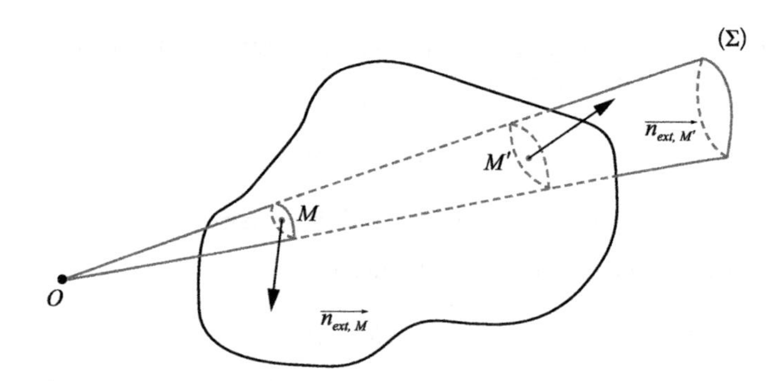

FIGURE 2.4 Angle solide à travers une surface fermée

2.1.2 Théorème de Gauss

2.1.2.1 Flux du champ créé par une charge ponctuelle

Une charge ponctuelle placée en O crée un champ:

$$\vec{E}(M) = \frac{q}{4\pi\varepsilon_0}\frac{\overrightarrow{OM}}{OM^3} = \frac{q}{4\pi\varepsilon_0}\frac{\vec{e}_r}{r^2}$$

Par conséquent, le flux de ce champ à travers un élément de surface $\mathrm{d}s_M$ de la surface S est:

$$\boxed{\mathrm{d}\Phi_{\vec{E}/(S)} = \vec{E}(M)\cdot\vec{n}_M\mathrm{d}s_M = \frac{q}{4\pi\varepsilon_0}\mathrm{d}\Omega}$$

où $\mathrm{d}\Omega$ est l'angle solide élémentaire sous lequel on voit $\mathrm{d}s_M$ depuis O.

Considérons une surface (Σ) fermée orientée vers l'extérieur, de normale locale $\vec{n}_{ext,M}$. On a alors

$$\Phi_{\vec{E}/(\Sigma)} = \iint_{\Sigma} \frac{q}{4\pi\varepsilon_0}\frac{\vec{e}_r}{r^2}\cdot\vec{n}_{ext,M}\mathrm{d}s_M = \frac{q}{4\pi\varepsilon_0}\times\Omega$$

Mais nous avons vu au paragraphe précédent que $\Omega = 4\pi$ si O est à l'intérieur de (Σ) et $\Omega = 0$ si O est à l'extérieur de (Σ). On en déduit le résultat suivant:

> $\Phi_{\vec{E}/(\Sigma)} = \dfrac{q}{\varepsilon_0}$ si la charge est à l'intérieur de (Σ), et $\Phi_{\vec{E}/(\Sigma)} = 0$ si elle est à l'extérieur.

Ce résultat très remarquable est une conséquence directe de la dépendance en $\dfrac{1}{r^2}$ du champ électrique d'une charge ponctuelle. Il peut être vérifié avec une très grande précision.

2.1.2.2 Expression générale du théorème de Gauss

Considérons une distribution de charges (D) créant un champ électrique $\vec{E}(M)$ et une surface fermée quelconque (Σ) orientée vers l'extérieur. Le flux de $\vec{E}(M)$ à travers (Σ) est la somme des flux des champs de toutes les charges. Une charge intérieure donne une contribution $\frac{q_i}{\varepsilon_0}$ et une charge extérieure donne une contribution nulle. Nous aurons donc:

$$\oiint_{(\Sigma)} \vec{E}(M) \cdot \vec{n}_{ext,M} \mathrm{d}s_M = \frac{Q_{\text{int}}(\Sigma)}{\varepsilon_0}$$

où $Q_{\text{int}}(\Sigma)$ est la ***charge intérieure*** à la surface (Σ). C'est le ***théorème de Gauss.***

En pratique, il permet de déterminer facilement des champs électriques dans des circonstances où le flux s'exprime simplement en fonction du champ.

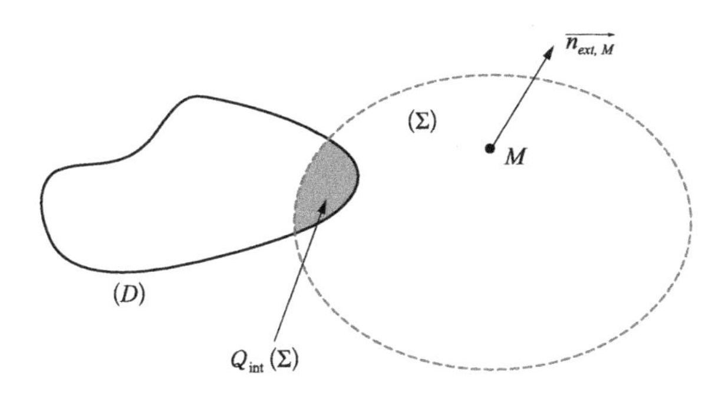

FIGURE 2.5 Théorème de Gauss

2.1.3 Calculs de champs électriques à l'aide du théorème de Gauss

2.1.3.1 Distribution à symétrie sphérique: cas général

Nous cherchons le champ créé par une distribution continue de charges à symétrie sphérique $\rho(r)$. Cet exemple nous permet de présenter la méthode générale de calcul des champs à l'aide du théorème de Gauss.

1. Détermination a priori des symétries et invariances du champ

Le problème est à symétrie sphérique. Tout plan contenant le centre O et le point M est un plan de symétrie. Le champ $\vec{E}(M)$ est donc dans la direction commune à tous ces plans: $\vec{e}_r$.

De plus la direction du point M ne doit pas intervenir dans l'expression du champ, donc:

$$\vec{E}(M) = E(r)\vec{e}_r.$$

2. Choix d'une surface de Gauss et calcul du flux

La surface fermée (Σ) doit être choisie de façon à respecter les symétries du champ pour que le flux soit évident à calculer. Nous choisissons ici pour (Σ) une sphère de centre O et de rayon r. Il vient:

$$\Phi_{\vec{E}/(\Sigma)} = \iint_{\text{sphère}} \vec{E}(M)\cdot\vec{n}_{ext,M}\mathrm{d}s_M = \iint_{\text{sphère}} E(r)\mathrm{d}s_M = E(r)\times 4\pi r^2$$

3. Calcul de la charge intérieure

Par définition, nous aurons:

$$\boxed{Q_{\text{int}}(\Sigma) = \int_0^r \rho(r')4\pi r'^2\mathrm{d}r'}$$

4. Calcul du champ par application du théorème de Gauss

$$E(r)\times 4\pi r^2 = \frac{Q_{\text{int}}(\Sigma)}{\varepsilon_0}$$

donc finalement:

$$\boxed{\vec{E}(M) = \frac{Q_{\text{int}}(\Sigma)}{4\pi\varepsilon_0 r^2}\vec{e}_r}$$

Nous obtenons le résultat essentiel suivant.

> Pour une distribution de charges à symétrie sphérique, le champ obtenu en un point M est le même que si toutes les charges qui se trouvent plus près du centre que M se trouvaient concentrées au centre.

2.1.3.2 Cas d'une boule uniforme

Nous envisageons le cas particulier d'une boule de rayon R et de charge volumique ρ uniforme. Il s'agit d'une distribution à symétrie sphérique dans laquelle:

$$\rho(r\leqslant R) = \rho \quad \text{et} \quad \rho(r\geqslant R) = 0$$

On obtient alors aisément à partir du cas général étudié dans le paragraphe précédent:

$$\boxed{E(r) = \frac{\rho r}{3\varepsilon_0} \quad \text{si } r < R \quad \text{et} \quad E(r) = \frac{\rho R^3}{3\varepsilon_0 r^2} = \frac{Q_{\text{tot}}}{4\pi\varepsilon_0 r^2} \quad \text{si } r > R}$$

Activité 2-2

Démontrer ces résultats.

La Figure 2.6 montre les variations du champ en fonction de r.

On peut déterminer le potentiel électrostatique $V(r)$ associé par la définition:

$$\vec{E} = -\overrightarrow{\text{grad}}\, V = -\frac{\mathrm{d}V}{\mathrm{d}r}\vec{e}_r$$

On obtient

$$\frac{\mathrm{d}V}{\mathrm{d}r} = -\frac{\rho r}{3\varepsilon_0} \text{ si } r < R \quad \text{et} \quad \frac{\mathrm{d}V}{\mathrm{d}r} = -\frac{\rho R^3}{3\varepsilon_0 r^2} \text{ si } r > R$$

On en déduit les expressions avec deux constantes indéterminées K_1, K_2:

$$V(r) = K_1 - \frac{\rho r^2}{6\varepsilon_0} \text{ si } r < R \quad \text{et} \quad V(r) = K_2 + \frac{\rho R^3}{3\varepsilon_0 r} \text{ si } r > R$$

Une de ces constantes est arbitraire. On choisit de prendre l'origine des potentiels à l'infini, donc $K_2 = 0$. La constante K_1 est déterminée par continuité du potentiel puisque le champ en $r = R$ est fini. Nous aurons donc:

$$V(R^-) = V(R^+), \text{ soit } K_1 = \frac{\rho R^2}{2\varepsilon_0}$$

Finalement:

$$\boxed{V(r) = \frac{\rho R^2}{2\varepsilon_0} - \frac{\rho r^2}{6\varepsilon_0} \text{ si } r < R} \quad \text{et} \quad \boxed{V(r) = \frac{\rho R^3}{3\varepsilon_0 r} \text{ si } r > R}$$

2.1.3.3 Plan infini uniformément chargé

Considérons le plan infini $z = 0$ uniformément chargé (densité surfacique uniforme σ). Les notations sont précisées sur la Figure 2.7.

1. L'analyse des symétries montre que le champ $\vec{E}$ est de la forme

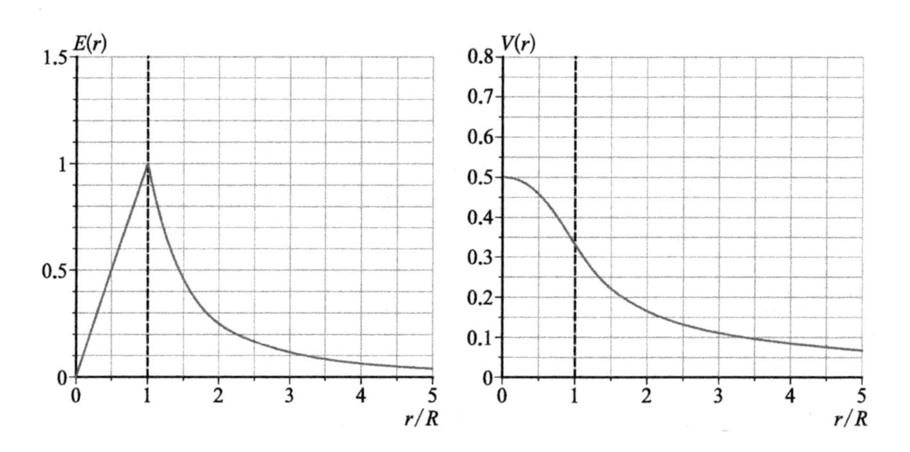

FIGURE 2.6 Champ et potentiels créés par une boule uniforme

$$\vec{E} = E(z)\vec{e}_z \quad \text{avec } E(z) \text{ fonction impaire de } z.$$

En particulier, si on peut définir le champ sur le plan:

$$E(0) = 0$$

2. Une surface de Gauss appropriée est un cylindre fermé de base quelconque (section S), entre les cotes z et -z, avec $z > 0$. Le flux de E à travers cette surface est:

$$\Phi_{\vec{E}/(\Sigma)} = \iint_{\text{cylindre}} \vec{E}(M) \cdot \vec{n}_{ext,M} \mathrm{d}s_M$$

$$= \iint_{\text{base en } z} \vec{E}(z) \cdot \vec{e}_z \mathrm{d}s_M + \iint_{\text{base en } -z} \vec{E}(-z) \cdot (-\vec{e}_z) \mathrm{d}s_M + \iint_{\text{surface latérale}} \vec{E}(M) \cdot \vec{n}_{ext,}$$

$$\rightarrow \quad \Phi_{\vec{E}/(\Sigma)} = E(z) \times S - E(-z) \times S = 2E(z) \times S$$

3. La charge intérieure à la surface de Gauss est

$$Q_{\text{int}}(\Sigma) = \sigma S$$

4. Finalement le théorème de Gauss donne:

$$\boxed{E(z) = \text{sgn}(z) \times \frac{\sigma}{2\varepsilon_0} \text{ si } z \neq 0 \quad \text{et} \quad E(0) = 0}$$

Activité 2-3

Démontrer toutes les affirmations non justifiées du raisonnement précédent.

Remarque: discontinuité du champ électrique

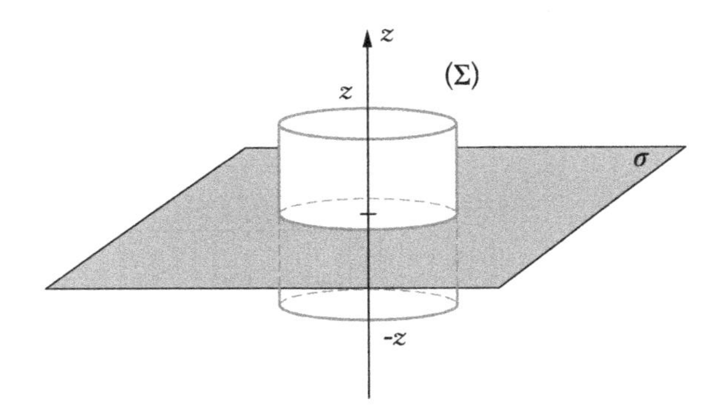

FIGURE 2.7 Plan infini uniformément chargé

Le champ électrique est discontinu en $z = 0$. Ce comportement est classique, nous le verrons au passage par n'importe quelle surface chargée. La valeur de la discontinuité est toujours de la forme :

$$\vec{E}^{+} - \vec{E}^{-} = \frac{\sigma}{\varepsilon_0}\vec{n}$$

où $\vec{n}$ est un vecteur unitaire normal à la surface chargée, orienté du côté "-" vers le côté "+".

Potentiel

Le potentiel électrique associé est obtenu par intégration directe. En choisissant l'origine des potentiels en $z = 0$ on obtient:

$$\boxed{V(z) = -\frac{\sigma}{2\varepsilon_0}|z|}$$

Ici on constate qu'on ne peut pas choisir l'origine des potentiels à l'infini. Cela est dû à la modélisation utilisée: la distribution de charges est elle-même de taille infinie.

2.1.3.4 Champ entre deux plans infinis de charges opposées

On considère deux plans $z = -a/2$ et $z = a/2$ respectivement chargés de façon uniforme avec des densités surfaciques opposées $-\sigma$ et $+\sigma$.

En considérant le champ électrique et le potentiel comme la superposition des champs créés par deux plans infinis calculés précédemment on trouve aisément:

$$\boxed{\vec{E}(z) = \vec{0} \text{ si } |z| > \frac{a}{2}}; \quad \boxed{\vec{E}(z) = -\frac{\sigma}{\varepsilon_0}\vec{e}_z \text{ si } |z| < \frac{a}{2}}; \quad \boxed{\vec{E}\left(z = \pm\frac{a}{2}\right) = -\frac{\sigma}{2\varepsilon_0}\vec{e}_z}$$

Le potentiel est, en prenant l'origine en $z = 0$:

$$\boxed{V\left(z < -\frac{a}{2}\right) = -\frac{\sigma}{\varepsilon_0}\frac{a}{2}}; \quad \boxed{V\left(-\frac{a}{2} < z < \frac{a}{2}\right) = \frac{\sigma}{\varepsilon_0}z}; \quad \boxed{V\left(z > \frac{a}{2}\right) = \frac{\sigma}{\varepsilon_0}\frac{a}{2}}$$

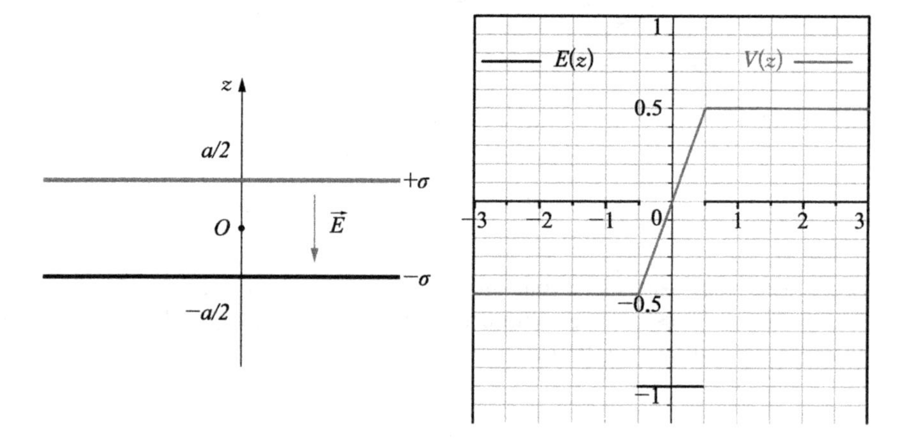

FIGURE 2.8 Condensateur plan infini

Activité 2-4

Démontrer ces résultats en utilisant le théorème de superposition.

Activité 2-5

Retrouver les résultats précédents en appliquant directement le théorème de Gauss, sans passer par le théorème de superposition.

Cette situation modélise assez bien un condensateur plan, formé de deux plaques métalliques planes de surface S. Lorsque le condensateur est chargé, les deux plaques métalliques se comportent comme deux densités de charges opposées. Si la distance entre les deux plaques est suffisamment petite (par rapport à leur extension latérale), on peut faire comme si les deux plaques étaient infinies.

Dans ce cas, il existe une différence de potentiel

$$U = V\left(\frac{a}{2}\right) - V\left(-\frac{a}{2}\right) = \frac{\sigma a}{\varepsilon_0} = \frac{Qa}{S\varepsilon_0} = \frac{Q}{C}$$

où l'on reconnaît la ***capacité*** du condensateur ainsi formé:

$$\boxed{C = \frac{\varepsilon_0 S}{a}}$$

Activité 2-6

Montrer que si le vide était remplacé par un milieu isolant de permittivité relative ε_r, la capacité deviendrait $C = \frac{\varepsilon_0 \varepsilon_r S}{a}$

2.1.3.5 Fil uniformément chargé

Le champ électrique créé par un fil infini uniformément chargé, de densité linéique λ est, en coordonnées cylindriques (fil confondu avec l'axe Oz):

$$\boxed{\vec{E} = \frac{\lambda}{2\pi\varepsilon_0 r}\vec{e}_r}$$

Le potentiel associé est

$$\boxed{V(r) = -\frac{\lambda}{2\pi\varepsilon_0}\ln\frac{r}{a}}$$

où a est une distance arbitraire.

Activité 2-7

Démontrer ces résultats en utilisant le théorème de Gauss.

2.1.4 Champ électrique dans une région vide de charge

2.1.4.1 Propriété générale

Si la surface (Σ) est dans le vide, $Q_{\text{int}}(\Sigma) = 0$. On aura donc

$$\boxed{\oiint_{(\Sigma)} \vec{E}(M) \cdot \vec{n}_{ext,M} \mathrm{d}s_M = 0}$$

Dans le vide, le flux à travers une surface fermée quelconque est exactement nul.

2.1.4.2 Conservation du flux dans le vide

Considérons un ***tube de champ*** $\vec{E}(M)$, dans le vide, formé de l'ensemble des lignes de champ qui s'appuient sur un contour fermé donné. Considérons deux sections quelconques S_1 et S_2 du tube de champ, de normales $\vec{n}_1$, $\vec{n}_2$ orientées dans le sens du champ (voir Figure 2.9).

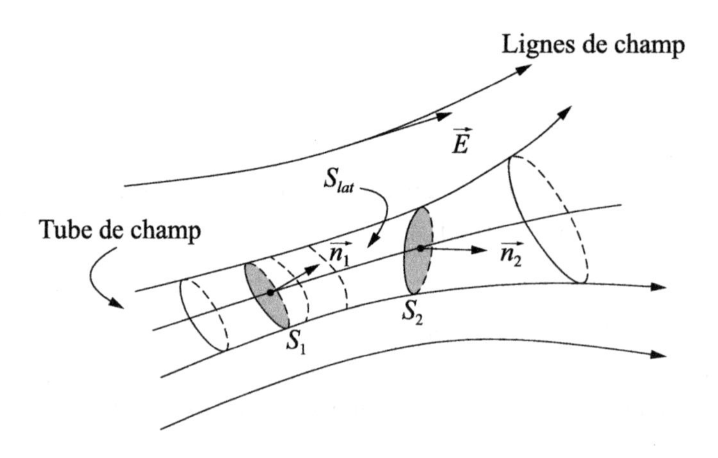

FIGURE 2.9 Conservation du flux

En appliquant le théorème de Gauss à une surface $(\Sigma) = (S_1) \bigcup (S_2) \bigcup (S_{lat})$, fermée par la surface latérale du tube et les deux sections.

$$\oiint_{(\Sigma)} \vec{E}(M) \cdot \vec{n}_{ext,M} \mathrm{d}s_M = \iint_{(S_1)} \vec{E}(M) \cdot (-\vec{n}_1) \mathrm{d}s_M + \iint_{(S_2)} \vec{E}(M) \cdot \vec{n}_2 \mathrm{d}s_M + \iint_{(S_{lat})} \vec{E}(M) \cdot \vec{n}_{ext,M} \mathrm{d}s_M = 0$$

Par définition, le flux sur la surface latérale est nulle, on a donc:

$$\boxed{\iint_{(S_1)} \vec{E}(M) \cdot \vec{n}_1 \mathrm{d}s_M = \iint_{(S_2)} \vec{E}(M) \cdot \vec{n}_2 \mathrm{d}s_M}$$

Le flux le long d'un tube de champ est uniforme.

Cette propriété a des conséquence topographiques sur les lignes de champ dans le vide. Lorsque les lignes de champ se rapprochent, la section des tubes de champ diminue et la norme du champ doit augmenter. En conséquence,

> Dans le vide, les lignes de champ se resserrent dans les zones de champ intenses.

2.1.4.3 Application: champ au voisinage d'un axe de révolution

La conservation du flux de $\vec{E}$ dans le vide permet d'évaluer le champ électrique au voisinage de l'axe de révolution d'une distribution de charge, si un tel axe de révolution existe. C'est le cas par exemple de l'anneau uniformément chargé étudié au chapitre 1.

Supposons que l'axe de révolution soit l'axe Oz. Le plan contenant le point M et l'axe Oz est un plan de symétrie. De plus le système étant invariant par rotation autour de Oz l'angle θ ne peut pas intervenir dans la norme du champ. Nous aurons donc, en un point $M(r, \theta, z)$ quelconque:

$$\vec{E} = E_r(r, z)\vec{e}_r + E_z(r, z)\vec{e}_z$$

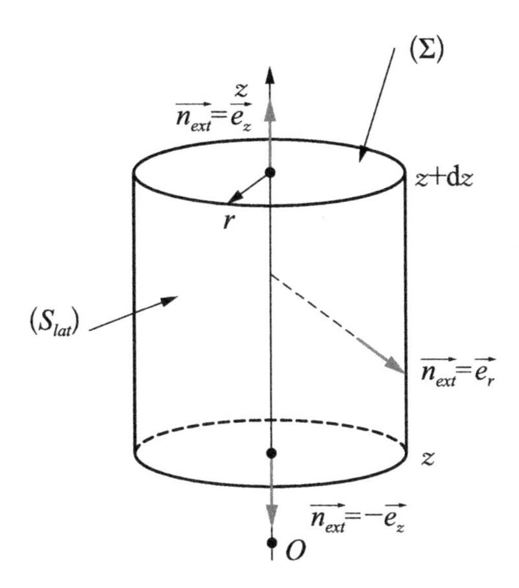

FIGURE 2.10 Champ au voisinage d'un axe de révolution

Nous évaluons le flux du champ électrique à travers une petite surface (Σ) élémentaire cylindrique de rayon r (voir Figure 2.10), entre z et $z + \mathrm{d}z$. Le flux à travers les disques est assimilé au flux du champ axial. Nous avons donc

$$\Phi_{\vec{E}/(\Sigma)} \approx -E_z(0, z)\pi r^2 + E_z(0, z + \mathrm{d}z)\pi r^2 + E_r(r, z)2\pi r \mathrm{d}z$$

Mais dans le vide, ce flux est nul donc, on a approximativement

$$E_r(r,z) = -\frac{r}{2}\frac{\mathrm{d}E_z(0,z)}{\mathrm{d}z}$$

2.1.5 Théorème de Gauss appliqué au champ gravitationnel

2.1.5.1 Champ gravitationnel

Par analogie avec le champ électrostatique, on définit le champ de gravitation $\vec{\mathscr{G}}(M)$ créé par une distribution de masse (D) en considérant la force subie par une masse ponctuelle test m_t placée en un point M:

$$\vec{F}_{(D)\to m_t} = m_t\vec{\mathscr{G}}(M)$$

Le champ créé par une masse ponctuelle m placée en O est:

$$\boxed{\vec{\mathscr{G}}(M) = -Gm\frac{\overrightarrow{OM}}{OM^3}}$$

où G est la constante fondamentale de la gravitation universelle.

Activité 2-8

Retrouver ce résultat à partir de la loi de Newton.

2.1.5.2 Théorème de Gauss

Le théorème de Gauss se généralise aisément au champ de gravitation, sous la forme:

$$\boxed{\oiint_{(\Sigma)} \vec{\mathscr{G}}(M)\cdot\vec{n}_{ext,M}\mathrm{d}s_M = -4\pi G \times M_{\text{int}}(\Sigma)}$$

où $M_{\text{int}}(\Sigma)$ est la masse qui se trouve à l'intérieur de (Σ). Pour déterminer un champ de gravitation on peut appliquer les mêmes méthodes que celles utilisées en électrostatique en effectuant les substitutions:

$$\boxed{\vec{E}(M) \leftrightarrow \vec{\mathscr{G}}(M), \quad \frac{1}{4\pi\varepsilon_0} \leftrightarrow -G, \quad \text{charges} \leftrightarrow \text{masses}}$$

2.2 ÉQUATIONS LOCALES

Les paragraphes précédents ont établi des relations intégrales entre le champ et les charges: le champ en un point s'obtient en calculant une intégrale triple faisant intervenir la densité volumique de charges; de même le théorème de Gauss établit une relation entre l'intégrale du flux de $\vec{E}$ et l'intégrale de la densité de charges. Dans ce paragraphe nous établissons des ***relations locales***, valables entre les valeurs en un point du champ et de la densité de charge.

2.2.1 L'opérateur divergence

2.2.1.1 Définition intrinsèque – Théorème de Green-Ostrogradski

Nous admettons que, pour tout champ vectoriel $\vec{A}(M)$ (suffisamment régulier) on peut définir un champ scalaire $\operatorname{div}\vec{A}(M)$, appelé ***divergence*** de $\vec{A}$, tel que pour toute surface *fermée* (Σ) orientée vers l'extérieur, délimitant un volume intérieur (V_{int}):

$$\boxed{\oiint_{(\Sigma)} \vec{A}(M)\cdot\vec{n}_{ext,m}\mathrm{d}s_M = \iiint_{(V_{\text{int}})} \operatorname{div}\vec{A}(M)\mathrm{d}\tau_M}$$

Cette relation porte le nom de ***théorème de Green-Ostrogradski***.

Ce théorème fondamental permet de remplacer une intégrale de surface portant sur une grandeur vectorielle par une intégrale de volume portant sur une grandeur scalaire.

L'opérateur divergence est un opérateur **linéaire**:

$$\operatorname{div}(\vec{A}_1+\vec{A}_2) = \operatorname{div}(\vec{A}_1)+\operatorname{div}(\vec{A}_2);$$
$$\operatorname{div}(\lambda\vec{A}_1) = \lambda\operatorname{div}(\vec{A}_1),\ \text{si } \lambda \text{ est une constante.}$$

2.2.1.2 Expression en coordonnées cartésiennes

Nous admettons l'expression de la divergence d'un champ exprimé en coordonnées cartésiennes:

$$\vec{A}(M) = A_x(x,y,z)\vec{e}_x + A_y(x,y,z)\vec{e}_y + A_z(x,y,z)\vec{e}_z$$

Elle s'écrit:

$$\boxed{\operatorname{div}\vec{A} = \frac{\partial A_x}{\partial x}+\frac{\partial A_y}{\partial y}+\frac{\partial A_z}{\partial z}}$$

Cette formule est facile à retenir en introduisant l'***opérateur nabla***:

$$\vec{\nabla} = \frac{\partial .}{\partial x}\vec{e}_x + \frac{\partial .}{\partial y}\vec{e}_y + \frac{\partial .}{\partial z}\vec{e}_z$$

$$\boxed{\operatorname{div}\vec{A} = \vec{\nabla}\cdot\vec{A}}$$

Cette équation n'est valable qu'en coordonnées cartésiennes.

Activité 2-9

Montrer que $\operatorname{div}(f(M)\vec{A}(M)) = f(M)\operatorname{div}\vec{A}(M) + \vec{A}(M)\cdot\overrightarrow{\operatorname{grad}} f(M)$ où $f(M)$ est un champ scalaire.

2.2.1.3 Autres systèmes de coordonnées

À titre de référence, nous donnons sans démonstration l'expression de la divergence en coordonnées cylindriques et sphériques. Il est inutile de connaître ces relations par cur.

Coordonnées cylindriques

$$\operatorname{div}\vec{A} = \frac{1}{r}\frac{\partial(rA_r)}{\partial r} + \frac{1}{r}\frac{\partial A_\theta}{\partial \theta} + \frac{\partial A_z}{\partial z}.$$

Coordonnées sphériques

$$\operatorname{div}\vec{A} = \frac{1}{r^2}\frac{\partial(r^2A_r)}{\partial r} + \frac{1}{r\sin\theta}\frac{\partial(\sin\theta A_\theta)}{\partial \theta} + \frac{1}{r\sin\theta}\frac{\partial A_\varphi}{\partial \varphi}.$$

Activité 2-10

Déterminer la divergence des champs $\vec{A}(M) = \overrightarrow{OM}$; $\vec{A}(M) = \dfrac{\overrightarrow{OM}}{OM^3}$ pour $M \neq O$; et $\vec{A}(M) = \dfrac{\overrightarrow{HM}}{HM^2}$ avec H la projection de M sur l'axe Oz, pour M non situé sur l'axe Oz.

2.2.2 Forme locale du théorème de Gauss

2.2.2.1 Forme générale

Appliquons le théorème de Gauss à une surface (Σ) fermée quelconque:

$$\oiint_{(\Sigma)} \vec{E}(M) \cdot \vec{n}_{ext,M} \mathrm{d}s_M = \frac{Q_{\text{int}}(\Sigma)}{\varepsilon_0}$$

et transformons l'intégrale de flux en utilisant le théorème de Green-Ostrogradski:

$$\iiint_{(V_{\text{int}})} \operatorname{div} \vec{E}(M) \mathrm{d}\tau_M = \frac{1}{\varepsilon_0} \iiint_{(V_{\text{int}})} \rho(M) \mathrm{d}\tau_M$$

On en déduit que pour tout volume (V), on aura:

$$\iiint_{(V_{\text{int}})} \left[\operatorname{div} \vec{E}(M) - \frac{\rho(M)}{\varepsilon_0} \right] \mathrm{d}\tau_M = 0.$$

Cette relation étant valable quel que soit le volume, on a nécessairement:

$$\boxed{\operatorname{div} \vec{E}(M) = \frac{\rho(M)}{\varepsilon_0} \text{ en tout point } M}$$

Activité 2-11

Montrer que cette équation permet de retrouver le théorème de Gauss. Il y a donc équivalence entre ces deux théorèmes.

L'équation précédente est une ***équation locale***, dite ***équation de Maxwell–Gauss***. Elle relie les propriétés locales du champ à la densité locale de charge.

2.2.2.2 Région vide de charges

Dans le cas d'une région vide de charge, on a $\rho(M) = 0$ en tout point, donc:

$$\boxed{\operatorname{div} \vec{E}(M) = 0.}$$

Les champs à divergence nulle sont appelés ***champs à flux conservatif***.

Le champ électrique est à flux conservatif dans le vide.

2.2.2.3 Équation locale du champ de gravitation

Par analogie avec le champ électrostatique, nous aurons:

$$\boxed{\mathrm{div}\,\vec{\mathscr{G}}(M) = -4\pi G\mu(M)}$$

où $\mu(M)$ est la masse volumique présente au point M.

Activité 2-12

Retrouver ce résultat.

2.2.3 Rotationnel d'un champ de vecteur

2.2.3.1 Théorème de Stokes

Le théorème de Stokes permet de transformer la circulation d'un champ de vecteurs sur une courbe fermée par un flux sur une surface s'appuyant sur le contour.

Considérons:

- une courbe fermée quelconque (Γ), orientée de façon arbitraire;
- une surface quelconque S_Γ s'appuyant sur (Γ), et orienté par une normale $\vec{n}_M$ définie relativement au sens du contour de (Γ) par la règle de la main droite (voir Figure 2.11);
- un champ vectoriel $\vec{A}(M)$.

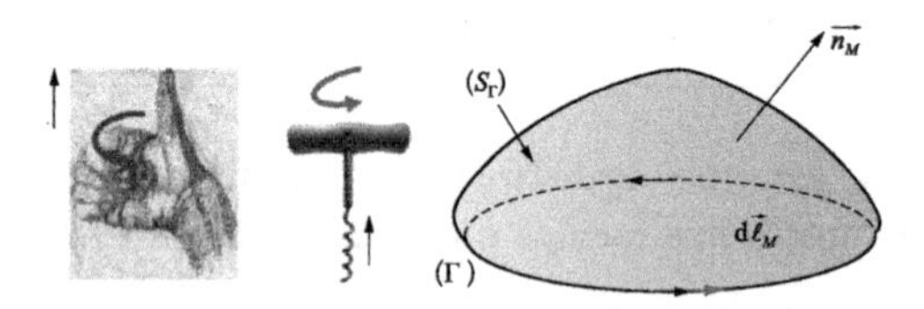

FIGURE 2.11 Surface s'appuyant sur un contour

Nous admettons le ***théorème de Stokes*** qui énonce l'existence d'un opérateur $\vec{\mathrm{rot}}\vec{A}(M)$, associé au champ $\vec{A}(M)$, tel que:

$$\boxed{\oint_\Gamma \vec{A}(M)\cdot \mathrm{d}\vec{\ell}_M = \iint_{(S_\Gamma)} \vec{\mathrm{rot}}\vec{A}(M)\cdot \vec{n}_M \mathrm{d}s_M}$$

Il est important de remarquer que le résultat est valable quelle que soit la surface (S_Γ) s'appuyant sur (Γ). Nous admettons ce théorème sans démonstration.

2.2.3.2 Expression du rotationnel en coordonnées cartésiennes

Dans le système des coordonnées cartésiennes, on montre:

$$\vec{\text{rot}}\vec{A} = \left[\frac{\partial A_z}{\partial y} - \frac{\partial A_y}{\partial z}\right]\vec{e}_x + \left[\frac{\partial A_x}{\partial z} - \frac{\partial A_z}{\partial x}\right]\vec{e}_y + \left[\frac{\partial A_y}{\partial x} - \frac{\partial A_x}{\partial y}\right]\vec{e}_z$$

Il est plus facile de retenir l'expression suivant faisant intervenir le vecteur $\vec{\nabla}$ déjà rencontré:

$$\boxed{\vec{\text{rot}}\vec{A} = \vec{\nabla} \wedge \vec{A}}$$

Le rotationnel est évidemment un opérateur linéaire.

2.2.3.3 Autres systèmes de coordonnées

Dans les autres systèmes de coordonnées, les relations sont un peu plus complexes. Elles ne doivent pas être retenues par cur.

Coordonnées cylindriques:

$$\vec{\text{rot}}\vec{A} = \left[\frac{1}{r}\frac{\partial A_z}{\partial \theta} - \frac{\partial A_\theta}{\partial z}\right]\vec{e}_r + \left[\frac{\partial A_r}{\partial z} - \frac{\partial A_z}{\partial r}\right]\vec{e}_\theta + \left[\frac{1}{r}\frac{\partial (rA_\theta)}{\partial r} - \frac{1}{r}\frac{\partial A_r}{\partial \theta}\right]\vec{e}_z.$$

Coordonnées sphériques:

$$\vec{\text{rot}}\vec{A} = \frac{1}{r\sin\theta}\left[\frac{\partial(\sin\theta A_\varphi)}{\partial\theta} - \frac{\partial A_\theta}{\partial\varphi}\right]\vec{e}_r + \frac{1}{r}\left[\frac{1}{\sin\theta}\frac{\partial A_r}{\partial\varphi} - \frac{\partial(rA_\varphi)}{\partial r}\right]\vec{e}_\theta + \frac{1}{r}\left[\frac{\partial(rA_\theta)}{\partial r} - \frac{\partial A_r}{\partial\theta}\right]\vec{e}_\varphi.$$

2.2.3.4 Champs de gradients

Le rotationnel du gradient d'un champ scalaire est nul en tout point

$$\boxed{\vec{\text{rot}}(\vec{\text{grad}}f)(M) = \vec{0}}$$

Activité 2-13

Démontrer ce résultat en vous plaçant en coordonnées cartésiennes.

On dit de façon équivalente que les champs de gradient sont des champs à ***circulation conservative*** (rotationnel nul en tout point). On montre, et nous l'admettons, que la réciproque est vraie: les champs de gradients sont les seuls à avoir un rotationnel nul en tout point.

> Pour un champ $\vec{A}$ tel que $\vec{\text{rot}}\vec{A}(M) = \vec{0}$ en tout point, il existe un champ scalaire $f(M)$ tel que $\vec{A}(M) = \vec{\text{grad}} f(M)$.

Dans le cas du champ électrostatique, nous savons qu'il existe un potentiel électrostatique $V(M)$ tel que:

$$\vec{E}(M) = -\vec{\text{grad}}\, V(M).$$

On a donc:

$$\boxed{\vec{\text{rot}}\vec{E}(M) = \vec{0}, \text{ quel que soit le point } M.}$$

Cette équation locale est équivalente à l'existence d'un potentiel pour le champ électrique $\vec{E}(M)$. Elle implique donc le caractère conservatif de la force électrostatique.

Il faut noter que pour un champ à circulation conservative, la circulation le long d'un contour fermé est nulle:

$$\oint_{(\Gamma)} \vec{E}(M) \cdot \mathrm{d}\vec{\ell}_M = 0.$$

Activité 2-14

Démontrer ce résultat.

On en déduit le résultat suivant.

> La circulation d'un champ conservatif le long d'une courbe ne dépend pas du chemin suivi, mais seulement des points d'arrivée et de départ.

Activité 2-15

Démontrer ce résultat.

2.2.3.5 Champs de rotationnels

La divergence du rotationnel d'un champ quelconque est nulle:

$$\boxed{\text{div}(\vec{\text{rot}}\vec{A})(M) = 0}$$

Autrement dit, les champs de rotationnels sont des champs à flux conservatif.

Activité 2-16

Démontrer ce résultat en vous plaçant en coordonnées cartésiennes.

Ici encore la réciproque est vraie (résultat admis).

Pour un champ $\vec{B}(M)$ tel que div $\vec{B}(M) = 0$ en tout point, il existe un champ vectoriel $\vec{A}(M)$ tel que $\vec{B}(M) = \vec{\text{rot}}\vec{A}(M)$.

2.2.4 Équation locale du potentiel

2.2.4.1 Opérateur laplacien

À un champ scalaire $f(M)$, nous associons le champ scalaire $\Delta f(M)$, appelé ***laplacien*** de f défini par:

$$\boxed{\Delta f(M) = \text{div}(\vec{\text{grad}} f(M))}$$

Il s'agit encore d'un opérateur linéaire. En coordonnées cartésiennes, son expression est

$$\boxed{\Delta f = \frac{\partial^2 f}{\partial x^2} + \frac{\partial^2 f}{\partial y^2} + \frac{\partial^2 f}{\partial z^2}.}$$

Activité 2-17

Vérifier-le directement.

Dans les autres systèmes de coordonnées nous obtenons les résultats suivants.

Coordonnées cylindriques

$$\Delta f = \frac{\partial^2 f}{\partial r^2} + \frac{1}{r}\frac{\partial f}{\partial r} + \frac{1}{r^2}\frac{\partial^2 f}{\partial \theta^2} + \frac{\partial^2 f}{\partial z^2}$$

Coordonnées sphériques

$$\Delta f = \frac{\partial^2 f}{\partial r^2} + \frac{2}{r}\frac{\partial f}{\partial r} + \frac{1}{r^2 \sin^2\theta}\frac{\partial^2 f}{\partial \varphi^2} + \frac{1}{r^2 \sin\theta}\frac{\partial}{\partial \theta}\left(\sin\theta \frac{\partial f}{\partial \theta}\right)$$

Activité 2-18

Montrer que pour un champ $f(r)$ en coordonnées cylindriques: $\Delta f = \frac{1}{r}\frac{\mathrm{d}}{\mathrm{d}r}\left(r\frac{\mathrm{d}f}{\mathrm{d}r}\right)$. En déduire la forme générale d'un champ à symétrie cylindrique pour lequel $\Delta f = 0$ en tout point $r \neq 0$.

Activité 2-19

Montrer que pour un champ $f(r)$ en coordonnées sphériques : $\Delta f = \frac{1}{r^2}\frac{\mathrm{d}}{\mathrm{d}r}\left(r^2\frac{\mathrm{d}f}{\mathrm{d}r}\right)$. En déduire la forme générale d'un champ à symétrie sphérique pour lequel $\Delta f = 0$ en tout point $r \neq 0$.

2.2.4.2 Équation de Poisson

Le potentiel électrostatique vérifie:

$$\vec{E}(M) = -\vec{\operatorname{grad}}\, V(M).$$

Mais comme

$$\operatorname{div} \vec{E}(M) = \frac{\rho(M)}{\varepsilon_0}$$

Le potentiel électrostatique vérifie l'équation locale:

$$\boxed{\Delta V(M) = -\frac{\rho(M)}{\varepsilon_0}}$$

Cette équation est appelée ***équation de Poisson***, d'après le physicien français Siméon Denis Poisson (1781-1840).

2.2.4.3 Cas du vide: équation de Laplace

Si on se place dans le vide le potentiel vérifie l'***équation de Laplace*** (d'après Pierre Simon de Laplace, physicien et mathématicien français, 1749-1827):

$$\boxed{\Delta V(M) = 0.}$$

Cette équation joue un rôle majeur dans de très nombreux domaines de la physique. L'étude de ses solutions fait encore aujourd'hui l'objet de recherches mathématiques (c'est le domaine de la ***théorie du potentiel***).

2.2.5 Récapitulation: les équations locales de l'électrostatique

Les équations locales que nous avons rencontrées découlent de nos postulats initiaux (loi de Coulomb). En réalité nous aurions pu partir en sens inverse et poser comme postulat les deux ***équations locales de l'électrostatique***:

$$\boxed{\vec{\text{rot}}\vec{E}(M) = \vec{0}} \text{ et } \boxed{\text{div}\,\vec{E}(M) = \frac{\rho(M)}{\varepsilon_0}} \text{ en tout point } M.$$

Ces deux équations sont équivalentes aux postulats dont nous sommes partis (loi de Coulomb) et elles résument toute l'électrostatique. On en déduit aisément les deux équations intégrales:

- Quelle que soit la surface fermée (Σ), $\displaystyle\oiint_{(\Sigma)} \vec{E}(M)\cdot\vec{n}_{ext,M}\,\mathrm{d}s_M = \frac{Q_{\text{int}}(\Sigma)}{\varepsilon_0}$;

- Quel que soit le contour fermé (Γ), $\displaystyle\oint_{(\Gamma)} \vec{E}(M)\cdot\mathrm{d}\vec{\ell}_M = 0$.

Nous verrons dans un chapitre ultérieur comment on peut aussi déduire entièrement les propriétés du champ magnétostatique en partant de deux équations locales.

EXERCICES 2

Exercice 2-1: Champ créé par une distribution plane

On considère une distribution de charges volumique uniforme (ρ_0), comprise entre les deux plans $x = -a/2$ et $x = +a/2$.

1. Déterminer le champ et le potentiel électrostatique en tout point de l'espace.
2. Étudier la limite $a \to 0$ (en supposant que $\sigma = \rho a$ =cte). Comparer au champ créé par un plan uniformément chargé en surface.

Exercice 2-2: Champ et potentiel d'une sphère uniformément chargée en surface

Une sphère creuse de rayon R et de charge totale Q est chargée uniformément en surface.

1. Déterminer le champ électrique en tout point de l'espace avec le théorème de Gauss.
2. En déduire le potentiel en tout point de l'espace (origine à l'infini), et comparer aux résultats de l'exercice **1-4**.

Exercice 2-3: Boule avec cavité

Une boule de centre O_1 et de rayon R_1 est uniformément chargée en volume avec une charge volumique ρ, sauf à l'intérieur d'une plus petite sphère de centre O_2 et de rayon R_2 (sur le schéma, la zone chargée est hachurée).

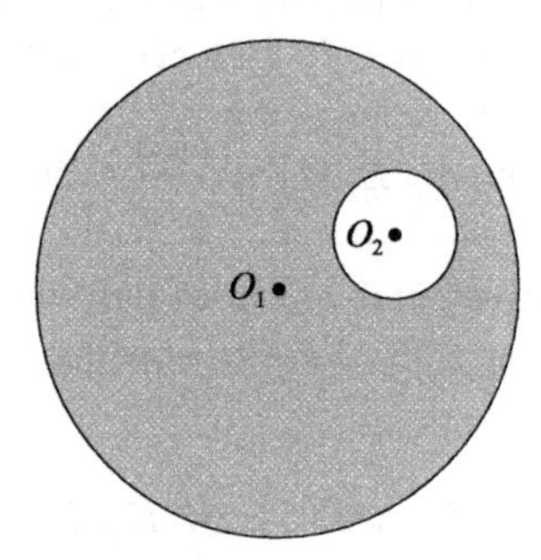

1. Déterminer le champ électrostatique à l'intérieur de la cavité.

Exercice 2-4: Potentiel de Yukawa

On considère une distribution *statique* de charges qui crée en un point M à la distance r de l'origine O le potentiel électrostatique (dit de Yukawa) $V = \dfrac{A}{4\pi\varepsilon_0 r}\exp(-kr)$ où A et k sont des constantes.

1. Préciser la dimension des paramètres A et k. Quelle est la signification physique de k?
2. Calculer le champ électrostatique associé au potentiel V.
3. Montrer que ce champ peut être considéré comme la superposition de champs créés par une charge ponctuelle q placée en O et d'une distribution volumique de charges $\rho(r)$, et déterminer q et $\rho(r)$ (on commencera par calculer la charge totale $Q(r)$ à l'intérieur d'une sphère de rayon r).
4. Déterminer par un calcul direct la charge totale de la distribution. Vérifier le résultat par un argument physique.

Exercice 2-5: Point matériel dans un tunnel

La Terre est considérée comme une boule homogène de masse M et de rayon R.

1. Déterminer le champ gravitationnel en tout point à l'intérieur et à l'extérieur de la Terre.

On perce un tunnel rectiligne de part en part (voir dessin) entre deux points de la surface terrestre.

2. Quel est le mouvement d'un point matériel qui glisse sans frottement dans le tunnel? En déduire le temps pour aller d'un bout à l'autre du tunnel. Faire l'application numérique et commenter.

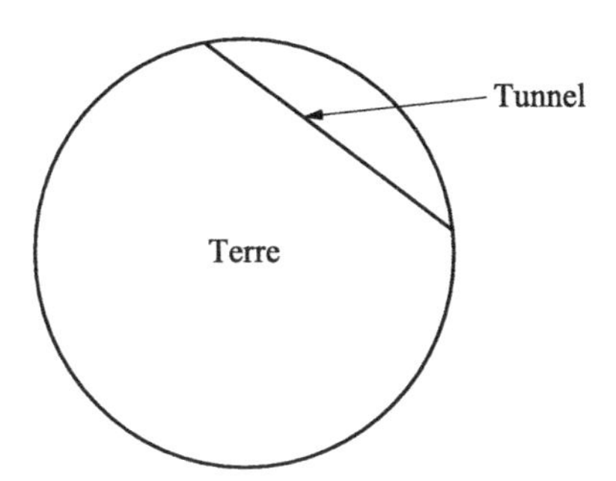

Exercice 2-6: Écrantage Debye dans un plasma

Dans un plasma, la densité particulaire d'une espèce de particules de charge q dépend du potentiel électrostatique V selon $n = K \exp\left(-\frac{qV}{k_B T}\right)$, où K est une constante.

Le plasma considéré, globalement neutre, contient des ions (charge $q = +e$) et des électrons (charge $-e$). On place dans ce milieu une charge ponctuelle Q à l'origine O. Il règne alors dans le milieu un potentiel à symétrie sphérique $V(r)$.

1. Justifier que la densité particulaire des ions (resp. des électrons) en r peut s'écrire $n_i = n_0 \exp\left(-\frac{eV(r)}{k_B T}\right)$, resp. $n_e = n_0 \exp\left(\frac{eV(r)}{k_B T}\right)$.
2. Écrire l'équation aux dérivées partielles vérifiée par V; on fera apparaître la longueur caractéristique $\ell = \sqrt{\frac{\varepsilon_0 k_B T}{2n_0 e^2}}$.
3. Résoudre l'équation précédente en supposant $|eV| \ll k_B T$. Interpréter le résultat en comparant $V(r)$ à celui que l'on observerait dans le vide. On rappelle qu'en symétrie sphérique: $\Delta V(r) = \frac{1}{r}\frac{\mathrm{d}^2}{\mathrm{d}r^2}(rV(r))$.

Exercice 2-7: Oscillations plasma

Un plasma est considéré comme la superposition de charges fixes (les ions) de densité de charge ρ, et de charges mobiles (les électrons, masse m_e) de densité $-\rho = n \times (-e)$.

Au repos, les nuages fixes et mobiles sont exactement superposés. On perturbe légèrement le plasma de telle façon que les électrons se déplacent de $\delta\vec{r} = \delta x\,\vec{e}_x$ par rapport aux charges fixes.

1. Montrer que le plasma se charge en surface, et qu'il apparaît un champ électrique $\vec{E}$, à exprimer en fonction de $\delta x, \rho, \varepsilon_0$.

2. Déterminer l'équation du mouvement du nuage électronique. Montrer que le nuage électronique oscille à une pulsation ω_p à exprimer en fonction de n, m_e, e, ε_0.

Exercice 2-8: Répartition superficielle de charges

Deux boules de même rayon R sont uniformément chargées *en volume*: l'une porte la densité de charges $-\rho$, l'autre la densité de charge $+\rho$. Leurs centres O_1 et O_2 sont aux abscisses $-a$ et $+a$ sur l'axe Ox, avec $a \ll R$.

1. Déterminer le champ électrique créé par les deux sphères en tout point de l'espace appartenant soit aux deux boules, soit à aucune d'entre elles.
2. Exprimer les résultats en fonction du moment dipolaire électrique $\vec{p} = \iiint_{(V)} \overrightarrow{OM} \times \rho(M)\,\mathrm{d}\tau$ total de la distribution.
3. Le système précédent peut être considéré comme une couche sphérique de rayon R chargée en surface, avec une densité surfacique de charges en un point M donnée par $\sigma = \sigma_0 \cos\theta$, où θ est l'angle que fait $\overrightarrow{OM}$ avec Ox et où σ_0 est une constante.
   (a) Déterminer le champ créé en O par une telle distribution.
   (b) En déduire une relation entre σ_0 en fonction de ρ et a, puis exprimer le champ électrique créé en tout point de l'espace par cette distribution surfacique de charges.
   (c) Étudier le comportement des composantes normales et tangentielles du champ à la traversée de la sphère de rayon R.

Rappel: le potentiel électrostatique créé en un point M par un dipôle électrostatique $\vec{p}$ situé à l'origine est donné par $V = \dfrac{\vec{p}\cdot\overrightarrow{OM}}{4\pi\varepsilon_0\, OM^3}$.

Exercice 2-9: Barreau MOS

Un semi-conducteur est formé d'un barreau de grande longueur ($0 \leqslant x \leqslant L$) dont l'extrémité distante $x = L$ est au potentiel $V = 0$; ce milieu, équivalent au vide au remplacement près de ε_0 par $\varepsilon_1 > \varepsilon_0$, est chargé sur une épaisseur $\ell \ll L$ (avec la densité volumique de charges $\rho > 0$ uniforme pour $0 \leqslant x \leqslant \ell$) puis neutre au delà ($x > \ell$). Ce matériau est surmonté d'une zone ($-e \leqslant x \leqslant 0$) oxydée, considérée comme un isolant de permittivité ε_2, d'épaisseur e. Ce milieu est neutre.

En $x = -e$ et $x = L$, deux électrodes métalliques imposent les potentiels $V(-e) = U < 0$ et $V(L) = 0$.

1. Expliciter le potentiel électrostatique $V(x)$ dans le barreau.
2. Déterminer la charge Q accumulée sur l'interface $x = -e$ (on admettra que

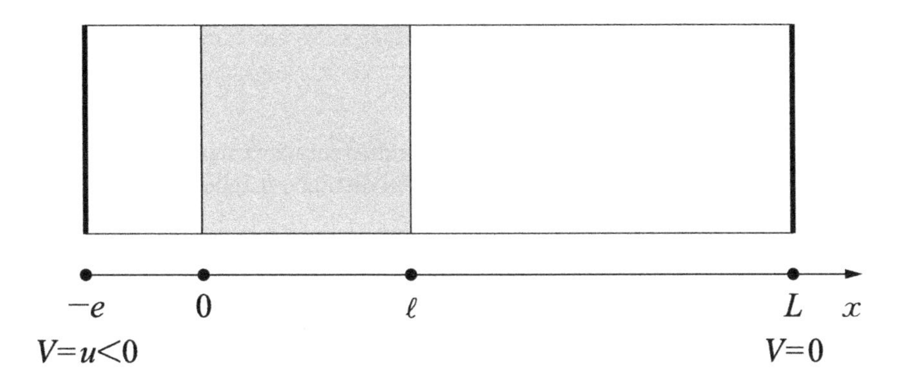

le champ électrique extérieur au barreau est nul et on appliquera le théorème de Gauss à une surface bien choisie).

3. Comment peut-on définir la capacité C de ce système ? La calculer, en fonction des paramètres du problème et de la section S du barreau.

Exercice 2-10: Modèle atomique de Thomson

Dans le modèle de Thomson de l'atome d'hydrogène, la charge q_e du noyau est répartie uniformément dans une sphère de rayon $a_0 = 50$ pm, et l'électron de charge $-q_e$ est considéré comme ponctuel. On donne $\varepsilon_0 = 8,854 \cdot 10^{-12}$ F·m^{-1}, $m_e = 9,1 \cdot 10^{-31}$ C et $q_e = 1.6 \cdot 10^{-19}$ C.

1. Calculer la charge volumique ρ correspondant à la charge q_e.
2. Calculer le champ créé par cette distribution de charge en tout point de l'espace.
3. On considère l'électron initialement au centre de cette distribution. Montrer que si on l'écarte d'une distance r (avec $r < a_0$) du centre, il est soumis à une force de rappel élastique dont on précisera l'expression.
4. Calculer la valeur de cette force pour $r = 25$ pm.
5. Déterminer le mouvement de l'électron s'il se trouve initialement sur l'axe (Ox), sans vitesse initiale, à une distance r_0 de sa position d'équilibre (avec $r_0 < a_0$).

On considère que l'atome est maintenant placé dans un champ uniforme $\vec{E}_0 = E_0\vec{e}_x$.

6. Montrer que si ce champ reste inférieur à une valeur limite $E_{0,\max}$, l'électron prend une nouvelle position d'équilibre en restant lié au noyau, caractérisée par une distance r_0.
7. Donner l'expression du moment dipolaire de l'atome lorsque l'électron est dans cette position. (Voir la définition dans le chapitre suivant.)
8. On définit la polarisabilité électronique α de l'atome par $\vec{p} = \alpha\varepsilon_0\vec{E}_0$. Donner

son expression en fonction de a_0 et calculer sa valeur numérique.

Exercice 2-11: Ligne bifilaire

Une ligne bifilaire est constituée de deux conducteurs rectilignes cylindriques de rayon a parallèles entre eux et séparés par une distance h telle que $h \gg a$. On se place dans l'approximation d'une ligne infinie.

Dans un premier temps, on considère un seul conducteur, centré sur l'axe (Oz), et on note λ la charge par unité de longueur.

1. Sachant que la charge se répartit uniformément sur la surface du conducteur, donner l'expression de cette charge surfacique σ en fonction de λ et a.
2. Déterminer le champ électrique créé à l'extérieur du conducteur ($r > a$).
3. En déduire le potentiel créé à l'extérieur du conducteur.

On considère maintenant les deux conducteurs, l'un portant la charge linéique $-\lambda$ et l'autre la charge linéique $+\lambda$.

4. Donner l'expression du potentiel créé par cette ligne bifilaire en un point situé à l'extérieur des conducteurs.
5. Déterminer la différence de potentiel entre les deux conducteurs en fonction de λ, ε_0 et a.
6. En considérant une longueur ℓ de ligne bifilaire, en déduire la capacité par unité de longueur associée à cette ligne.

3 CONDUCTEURS ET COURANTS ÉLECTRIQUES

3.1 CONDUCTEURS A L'ÉQUILIBRE

3.1.1 Notions sur les milieux conducteurs

Rappelons les caractéristiques principales des milieux conducteurs.

Un milieu matériel est dit ***conducteur*** si des particules chargées électriquement peuvent s'y déplacer "à grande distance", c'est-à-dire sur des distances grandes devant les distances interatomiques du milieu. On trouve des milieux conducteurs dans tous les états de la matière: solide, liquide ou gazeux.

- Conducteurs solides: métaux.
- Conducteurs liquides: métaux liquides (mercure, sodium fondu$\cdots$), électrolytes (solution ioniques).
- Conducteurs gazeux: plasmas (gaz ionisés).

Le cas pratique le plus fréquent est celui de conducteurs métalliques, dans lequel ce sont les électrons qui, en se déplaçant, assurent le transport de charge électrique.

3.1.2 Conducteur à l'équilibre

3.1.2.1 Condition d'équilibre

Un conducteur est à l'équilibre si tous les porteurs qu'il contient sont immobiles. Ces porteurs sont donc soumis à une force nulle. Pour un porteur situé au point M:

$$\vec{F}_{\to M} = \vec{0}.$$

Dans les cas les plus fréquents, on doit considérer seulement la force électrique. Pour un porteur de charge q, on a donc:

$$q\vec{E}(M) = \vec{0}.$$

Or les porteurs sont présents dans l'ensemble du conducteur. On en déduit le résultat suivant.

> En tout point M d'un conducteur à l'équilibre, $\vec{E}(M) = \vec{0}$.

Activité 3-1

> Déterminer le champ électrique qui règne dans un conducteur à l'équilibre dans le champ de gravitation $\vec{g}$. Donner un ordre de grandeur numérique de ce champ.

3.1.2.2 Potentiel électrostatique

Comme $\vec{E}(M) = \vec{0}$ dans le conducteur, on a $\overrightarrow{\text{grad}}\, V(M) = \vec{0}$ en tout point. Par conséquent, le potentiel électrostatique est uniforme dans un conducteur à l'équilibre.

> Un conducteur à l'équilibre forme un volume équipotentiel.

3.1.2.3 Charge d'un conducteur

À partir de l'équation locale

$$\text{div}\, \vec{E}(M) = \frac{\rho(M)}{\varepsilon_0}$$

on déduit que:

$$\boxed{\rho(M) = 0} \text{ en tout point}$$

Il est impossible de charger un conducteur à l'équilibre *en volume.*

> Les charges d'un conducteur à l'équilibre se répartissent sur sa surface.

3.1.3 Exemples de conducteurs à l'équilibre

3.1.3.1 Boule (sphère) pleine

On porte la sphère à un potentiel uniforme V par rapport à l'infini. La charge est répartie sur la surface du conducteur. Le problème étant à symétrie sphérique, on aura une densité surfacique de charge uniforme. Le potentiel est uniforme. On peut donc le déterminer le potentiel au centre O par l'intégrale du champ $\vec{E}$ de l'infini jusqu'à la surface de la sphère:

$$V(O) = V(R) = V(R) - V(\infty) = \int_R^\infty \frac{\sigma R^2}{\varepsilon_0 r^2} \mathrm{d}r = \frac{\sigma R}{\varepsilon_0}$$

Le potentiel s'exprime donc simplement en fonction de la charge totale $Q = \sigma \times 4\pi R^2$:

$$\boxed{V = \frac{Q}{4\pi\varepsilon_0 R}}$$

3.1.3.2 Boule creuse

Considérons une boule creuse portant une quantité de charge Q (voir Figure 3.1).

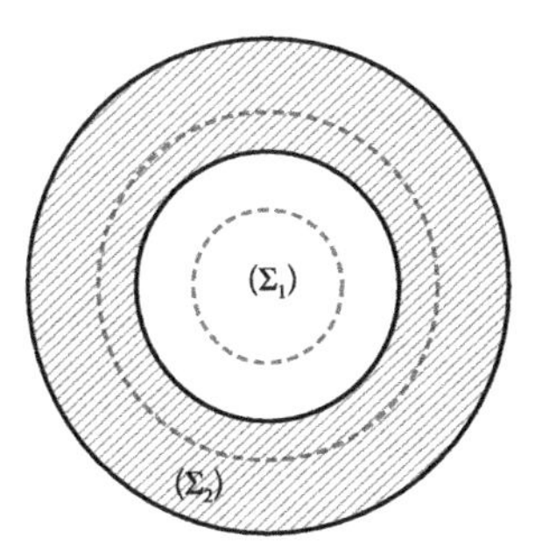

FIGURE 3.1 Sphère creuse

Le problème est à symétrie sphérique donc, en tout point:

$$\vec{E}(M) = E(r)\vec{e}_r.$$

En appliquant le théorème de Gauss à une surface (Σ_1) intérieure à cavité (qui ne contient aucune charge):

$$E(r) \times 4\pi r^2 = 0.$$

Le champ électrique dans la cavité est nul.

De plus, en appliquant le théorème de Gauss à la surface (Σ_2) sur laquelle le champ électrique est nul, on a

$$Q_{\text{int}}(\Sigma_2) = 0.$$

La distribution de charges étant nécessairement à symétrie sphérique, on aura $\sigma = 0$ sur la surface intérieure.

Les charges du conducteur se répartissent sur la surface extérieure.

Ces résultats se généralisent (nous l'admettons) à tout conducteur présentant une cavité dans laquelle aucune charge ne se trouve, même si le conducteur creux est placé dans un champ électrique extérieur, créé par un ensemble quelconque de charges. L'intérieur de la cavité est en quelque sorte protégé de l'influence des charges extérieures. On parle de l'effet ***cage de Faraday***.

3.1.4 Condensateurs

3.1.4.1 Influence totale

Deux conducteurs sont en influence totale si toutes les lignes de champ issues de l'un mènent à l'autre. En pratique cela est possible si l'un des conducteurs est à l'intérieur de l'autre (voir Figure 3.2).

Deux conducteurs en influence totale forment un condensateur.

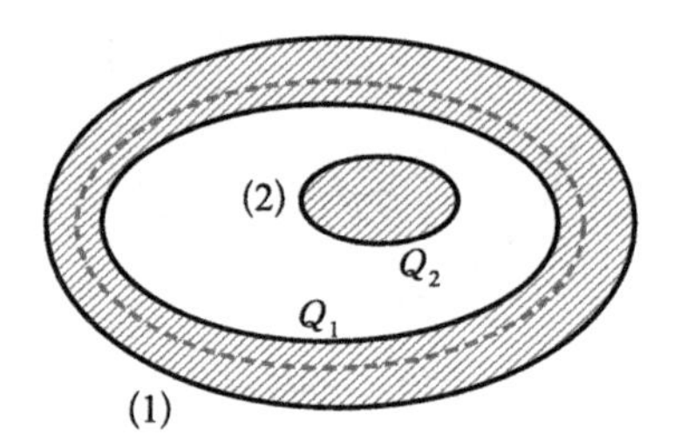

FIGURE 3.2 Condensateur

3.1.4.2 Charge et capacité du condensateur

Appelons Q_1 et Q_2 les charges des deux surfaces en vis-à-vis.

Appliquons le théorème de Gauss à une surface qui se trouve dans le conducteur extérieur (voir Figure 3.2). Comme le champ est nul en tout point de cette surface, le flux du champ l'est aussi et nous aurons:

$$\boxed{Q_1 + Q_2 = 0}$$

Les charges des deux surfaces sont opposées. Si, à partir d'une situation donnée de deux conducteurs en influence totale on multiplie toutes les densités de charges par 2 (ou par n'importe quel scalaire), sans changer la géométrie du problème, on aboutit à une situation où:

- les charges de chaque face sont multipliées par 2;

- le champ électrique est multiplié par 2 (du fait de la linéarité de la loi de Coulomb par exemple);
- la différence de potentiel $V_1 - V_2 = \int_1^2 \vec{E}(M) \cdot \mathrm{d}\vec{\ell}_M$ est aussi multipliée par 2.

On en déduit que les grandeurs Q_1 et $V_1 - V_2$ sont proportionnelles et nous posons:

$$\boxed{Q_1 = C(V_1 - V_2)}$$

où C est la ***capacité*** du condensateur. C'est un nombre toujours positif (admis) qui s'exprime en ***farads***. La capacité du condensateur ne dépend que de la géométrie des conducteurs et du matériau isolant qui les sépare.

Activité 3-2

Déterminer la capacité d'un condensateur formé de deux sphères emboitées. Les rayons des surfaces en influence sont notés R_1 et R_2, avec $R_1 > R_2$.

3.1.5 Condensateur plan

3.1.5.1 Condensateur plan fini. effets de bord

Plaçons deux plaques métalliques planes en face l'une de l'autre et appliquons une différence de potentiel entre les deux à partir d'une situation où les deux plaques sont déchargées. Les deux plaques acquièrent des charges opposées. On peut considérer que les deux faces en vis-à-vis sont en influence totale dans la mesure où toutes les lignes de champ issues de l'une aboutissent à l'autre.

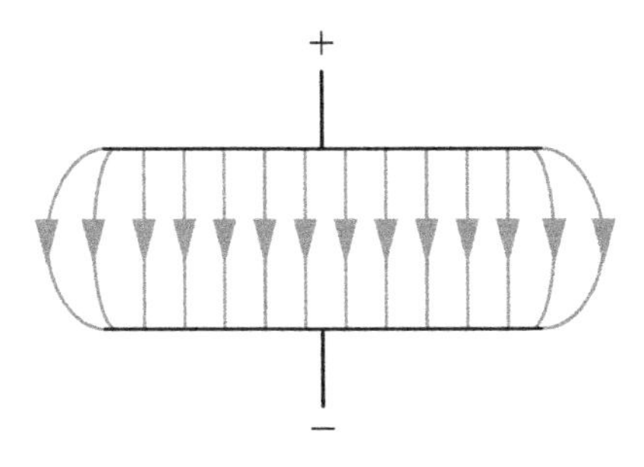

FIGURE 3.3 Condensateur plan - effets de bord

Le champ électrique réel qui règne entre les deux plaques est difficile à déterminer exactement. Près du centre du condensateur, il est proche de celui qui est créé par deux plans infinis. Mais près des bords, il s'en écarte notablement.

Si l'épaisseur e du condensateur est très petite devant les dimensions latérales des plaques, on peut presque partout confondre le champ électrique avec celui de deux plans infinis avec une bonne précision. On pourra donc alors considérer que les deux plaques se comportent comme deux plans infinis uniformément chargés. Réaliser cette approximation s'appelle négliger les ***effets de bord***.

3.1.5.2 Capacité

Nous avons déjà calculé la capacité pour un condensateur plan infini. Nous rappelons le résultat dans le vide:

$$\boxed{C = \frac{\varepsilon_0 S}{e}}$$

Si le condensateur est rempli avec un diélectrique de permittivité relative ε_r, nous aurons:

$$C = \frac{\varepsilon_0 \varepsilon_r S}{e}.$$

3.1.5.3 Force exercée entre les plaques

La plaque supérieure ($z = e/2$) est soumise au seul champ électrique de la plaque du bas ($z = -e/2$):

$$\vec{E}_{\text{bas}} = -\frac{\sigma}{2\varepsilon_0}\vec{e}_z.$$

Elle est donc soumise à la force attractive de la part de l'autre électrode:

$$\boxed{\vec{F}_{\text{bas}\to\text{haut}} = -\frac{\sigma^2}{2\varepsilon_0} S\vec{e}_z}$$

3.2 DISTRIBUTIONS DE COURANT

3.2.1 Transfert de charge

Dans un conducteur, les charges sont susceptibles de se déplacer. On cherche à *comptabiliser* ces déplacements.

3.2.1.1 Intensité

Rappelons la définition de l'***intensité*** du courant électrique I à travers une surface orientée par un vecteur unitaire normal local $\vec{n}$.

> L'intensité I est la charge algébrique qui traverse la surface dans le sens de $\vec{n}$.

C'est une grandeur doublement algébrique, par le sens de transport des charges et par le signe des charges elles-mêmes, comme le rappelle la Figure 3.4.

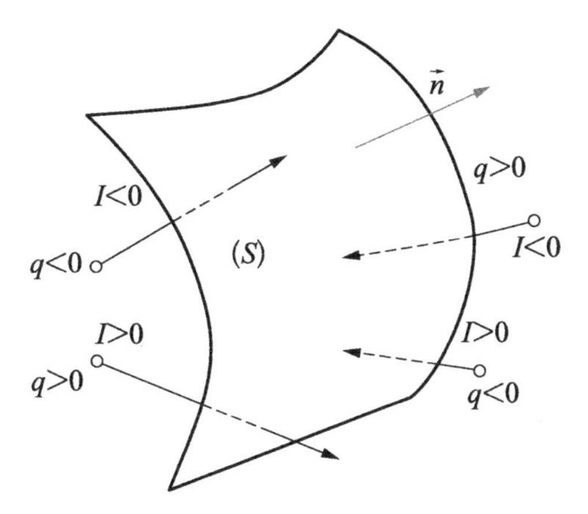

FIGURE 3.4 Mouvement des charges et intensité

3.2.1.2 Vecteur densité (volumique) de courant de charges

Nous considérons des ***distributions de courant stationnaires*** pour lesquelles l'intensité à travers n'importe quelle surface fixe dans le référentiel considéré est indépendante du temps.

En régime indépendant du temps, nous admettons que l'intensité peut s'écrire comme le flux d'un champ lui-même indépendant du temps:

$$\boxed{I = \iint_{(S)} \vec{j}(M) \cdot \vec{n}_M \, \mathrm{d}s_M}$$

où $\vec{j}(M)$ est le ***vecteur densité (volumique) de courant.*** Il s'exprime en $\mathrm{A{\cdot}m^{-2}}$.

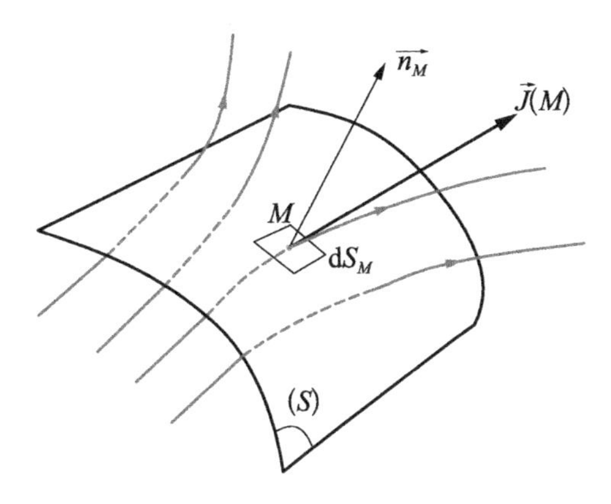

FIGURE 3.5 Densité de courant

Exemple

Un fil cylindrique de rayon a et d'axe Oz est parcouru par une densité volumique uniforme $\vec{j} = j\vec{e}_z$. L'intensité qui traverse une section du cylindre dans le sens de $\vec{e}_z$ est:

$$I = \iint_{\text{section}} \vec{j} \cdot \vec{e}_z \, \mathrm{d}s = j \times \pi a^2.$$

Donc, dans ce cas:

$$\boxed{\vec{j} = \frac{I}{\pi a^2}\vec{e}_z}$$

Activité 3-3

Reprendre le calcul pour une densité de courant uniformément répartie sur une couche d'épaisseur ε: $a - \varepsilon < r < a$ en surface du cylindre.

On appelle ***lignes de courant*** de la distribution de courant les lignes de champ du champ $\vec{j}(M)$.

3.2.1.3 Expression du vecteur densité de courant – Cas d'un courant homocinétique

Un faisceau ***homocinétique*** de charges est, par définition, constitué de particules qui se déplacent toutes à la même vitesse $\vec{v} = v\vec{e}_x$.

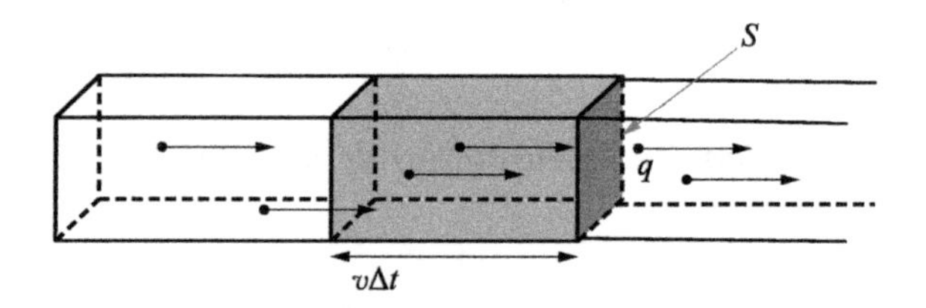

FIGURE 3.6 Faisceau homocinétique

Nous considérons un faisceau homocinétique comprenant n particules par unité de volume se déplaçant avec la même vitesse $\vec{v}$ constante. La section de ce faisceau, perpendiculairement à la vitesse est notée S (voir Figure 3.6). Chaque particule porte une charge q.

Les charges qui traversent la surface S pendant l'intervalle de temps $[t, t+\Delta t]$ sont comprises dans un volume cylindrique de section S (voir Figure 3.6) et de hauteur $v\Delta t$: il y en a donc $n \times S \times v\Delta t$ dans ce volume, correspondant à la charge ΔQ vérifiant:

$$\Delta Q = q \times n \times v \times S \times \Delta t.$$

L'intensité correspondante est donc:

$$I = \frac{\Delta Q}{\Delta t}$$

soit:

$$I = q \times n \times v \times S.$$

Le vecteur densité de courant correspondant est donc:

$$\boxed{\vec{j} \stackrel{\text{def}}{=} \frac{I}{S}\vec{e}_x = nq\vec{v}}$$

On peut exprimer cette relation en fonction de la quantité

$$\rho_m \stackrel{\text{def}}{=} nq$$

appelée ***densité volumique de charges mobiles:***

$$\boxed{\vec{j} = \rho_m \vec{v}}$$

Lorsque le système comprend différents types de porteurs de charges q_i, en nombre n_i par unité de volume, se déplaçant à la vitesse $\vec{v}_i$, nous aurons:

$$\vec{j} = \sum_i n_i q_i \vec{v}_i$$

3.2.1.4 Mouvement réel des charges dans un conducteur

En réalité, dans un conducteur, les porteurs de charge ne sont pas du tout dans les conditions d'un faisceau homocinétique. La situation est schématisée sur la Figure 3.7. Dans l'image classique de la conduction, chaque atome du métal garde une position fixe et s'ionise en libérant un ou plusieurs électrons qui peuvent se déplacer quasi librement dans le volume du métal. Les électrons se comportent de façon analogue aux molécules d'un gaz. L'ordre de grandeur de la vitesse de déplacement associée au mouvement thermique est:

$$v_{\text{th}} \approx \sqrt{\frac{3k_B T}{m_e}}$$

où m_e est la masse des électrons, T la température et k_B la constante de Boltzmann. À température ambiante on a une vitesse d'agitation thermique des électrons de l'ordre de: $v_{\text{th}} \sim 10^5$ m·s^{-1}.

Dans un conducteur à l'équilibre, toutes les directions de vitesses sont équiprobables ce qui fait que la vitesse moyenne vectorielle est nulle.

Dans un conducteur qui est le siège d'un courant électrique, toutes les directions ne sont pas équiprobables. Il existe une direction privilégiée dans laquelle se déplacent, en moyenne, les électrons. Ce déplacement moyen correspond à une vitesse dite ***vitesse de dérive*** v_d qui est la vitesse que l'on doit prendre en compte dans le calcul de l'intensité.

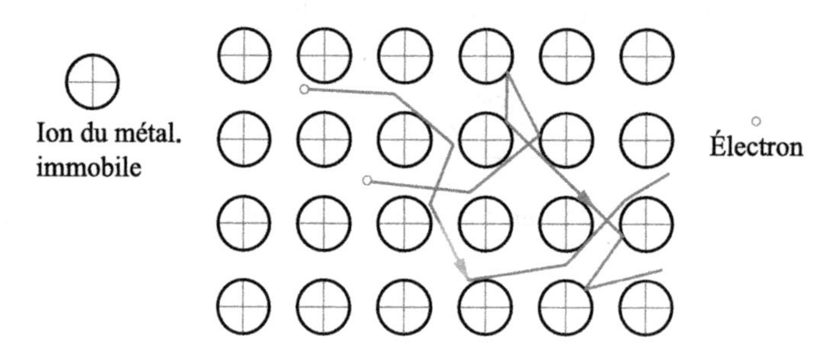

FIGURE 3.7 Déplacement des charges dans un conducteur

Nous retenons la relation, qui s'applique au cas des porteurs dans un conducteur

$$\boxed{I = n \times q \times v_d \times S}$$

où v_d est la vitesse moyenne de dérive.

Elle dans la plupart des cas plus faible que 1 mm·s^{-1}, c'est-à-dire que l'on a $\dfrac{v_d}{v_{\text{th}}} \leqslant 10^{-8}$! La répartition des vitesses est donc très faiblement anisotrope dans les conditions habituelles.

3.2.2 Distributions de faible dimensionnalité

3.2.2.1 Distribution surfacique

Il est fréquent que les courants soient confinés à une couche d'épaisseur très fine à la surface du conducteur. Dans ce cas, il est plus simple de représenter les courants comme s'ils étaient localisés sur une surface d'épaisseur nulle. La situation est représentée sur la Figure 3.8.

Une section élémentaire ds de la couche est localement rectangulaire, d'épaisseur dz, de longueur dℓ et de normale $\vec{n}$. L'intensité à travers ds est:

$$dI = \int_{\text{épaisseur}} \vec{j} \cdot \vec{n} \, \mathrm{d}\ell \mathrm{d}z = \left(\int_{\text{épaisseur}} \vec{j} \mathrm{d}z \right) \cdot \vec{n} \mathrm{d}\ell = \vec{j}_s \cdot \vec{n} \mathrm{d}\ell$$

où l'on a défini la ***densité surfacique de courant***:

$$\vec{j}_s \stackrel{\text{def}}{=} \int_{\text{épaisseur}} \vec{j}\,\mathrm{d}z \quad \text{qui s'exprime en A} \cdot \text{m}^{-1}$$

La section (S) de la nappe est représentée par une courbe (C) sur la surface. L'intensité transportée à travers (S) est donc calculée comme une intégrale curviligne, en faisant apparaître la dépendance en M des différentes grandeurs:

$$\boxed{I = \int_{(C)} \vec{j}_s(M) \cdot \vec{n}_M \,\mathrm{d}\ell_M}$$

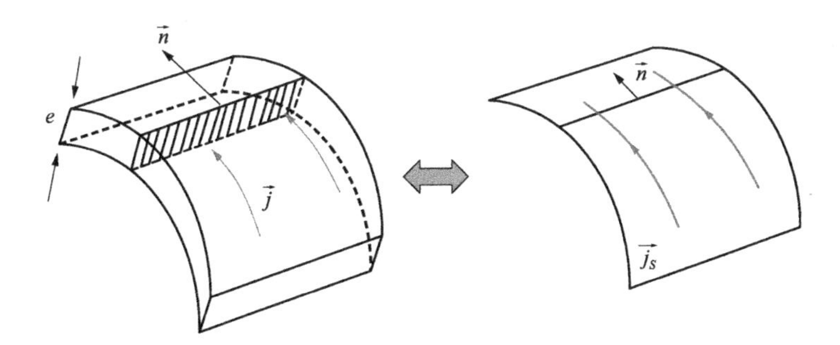

FIGURE 3.8 Courant surfacique

3.2.2.2 Distribution linéique

Dans de très nombreuses situations, les courants sont transportés dans des fils qui sont assimilés à des courbes sans extension spatiale. L'intensité qui traverse une section s est:

$$I = \iint_{\text{section}} \vec{j} \cdot \mathrm{d}\vec{s}.$$

Si la section du fil est très petite et si le fil est parcouru par une intensité finie I, la densité volumique de courant moyenne $\bar{j} = \dfrac{I}{s}$ peut devenir très grande.

3.2.3 Puissance volumique reçue par les charges

Lorsque des charges se déplacent dans un conducteur, la force électromagnétique à laquelle elles sont soumises fournit une certaine puissance qui doit être prise en compte dans tout bilan énergétique.

Une charge ponctuelle q mobile avec une vitesse $\vec{v}$ (dans le référentiel d'étude) est

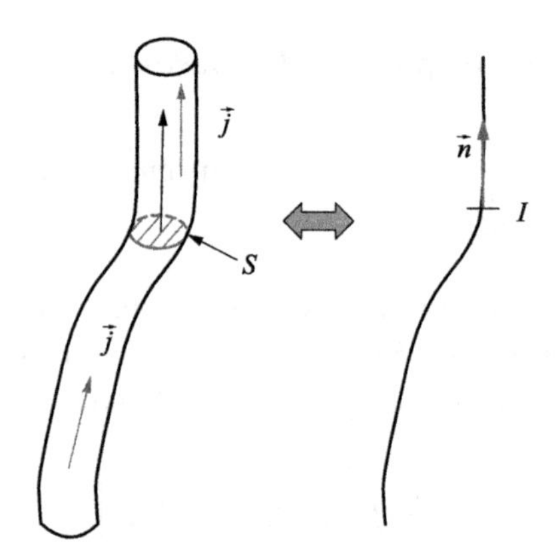

FIGURE 3.9 Courant linéique

soumise à la force électromagnétique:

$$\vec{F}_{\to q} = q(\vec{E} + \vec{v} \wedge \vec{B})$$

(au cas où il existerait un champ magnétique en plus du champ électrique, voir chapitre suivant).

La puissance de cette force est

$$P_{\to q} = q(\vec{E} + \vec{v} \wedge \vec{B}) \cdot \vec{v} = q\vec{E} \cdot \vec{v}.$$

Seule la force électrique travaille.

Dans un volume $\mathrm{d}\tau$ nous avons $n\mathrm{d}\tau$ charges mobiles. La ***puissance volumique reçue par les charges*** du conducteur est donc

$$p_v = \frac{nq\mathrm{d}\tau\vec{E} \cdot \vec{v}}{\mathrm{d}\tau} = nq\vec{v} \cdot \vec{E} = \vec{j} \cdot \vec{E}$$

Cette grandeur s'exprime en $\mathrm{W{\cdot}m^{-3}}$. Les champs $\vec{j}$ et $\vec{E}$ peuvent dépendre du point M. Dans ce cas, la puissance volumique fournie aux charges en dépend aussi, selon:

$$\boxed{p_v(M) = \vec{j}(M) \cdot \vec{E}(M)}$$

Dans un volume (V) de conducteur, la puissance totale fournie aux charges est donc:

$$\boxed{P = \iiint_{(V)} \vec{j}(M) \cdot \vec{E}(M) \, \mathrm{d}\tau_M}$$

3.2.4 Conservation de la charge

3.2.4.1 Équation locale de conservation de la charge

Considérons une surface fermée (Σ) quelconque, fixe dans le référentiel d'étude, orientée vers l'extérieur. Cette surface délimite un volume (V). Comme la charge électrique est une grandeur conservée, la charge intérieure $Q_\Sigma(t)$ ne peut varier avec le temps que sous l'effet des charges qui traversent la surface. Nous aurons donc, en admettant que les densités de courant $\vec{j}(M,t)$ puisse également varier avec le temps:

$$\frac{dQ_\Sigma(t)}{\mathrm{d}t} = -I_{\text{sortant}} = -\iint_{(\Sigma)} \vec{j}(M,t)\cdot\vec{n}_{ext,M}\mathrm{d}s_M$$

Or pour une distribution volumique de charges :

$$Q_\Sigma(t) = \iiint_{(V)} \rho(M,t)\mathrm{d}\tau_M$$

et donc, comme (V) est fixe:

$$\frac{dQ_\Sigma(t)}{\mathrm{d}t} = \iiint_{(V)} \frac{\partial\rho(M,t)}{\partial t}\mathrm{d}\tau_M$$

D'après le théorème de Green-Ostrogradski,

$$\iint_{(\Sigma)} \vec{j}(M,t)\cdot\vec{n}_{ext,M}\mathrm{d}s_M = \iiint_{(V)} \mathrm{div}\,\vec{j}(M,t)\mathrm{d}\tau_M.$$

On doit donc avoir, pour un volume (V) quelconque dans le conducteur:

$$\iiint_{(V)} \left(\mathrm{div}\,\vec{j}(M,t) + \frac{\partial\rho(M,t)}{\partial t}\right)\mathrm{d}\tau_M = 0$$

On en déduit :

$$\forall M,t,\quad \boxed{\mathrm{div}\,\vec{j}(M,t) + \frac{\partial\rho(M,t)}{\partial t} = 0}$$

C'est ***l'équation locale de conservation de la charge électrique***. Cette équation est la traduction mathématique du principe physique de conservation de la charge.

Activité 3-4

À partir de l'équation locale, montrer que la charge d'un système fermé est constante.

3.2.4.2 Densité de courant en régime permanent

Lorsqu'on est en régime permanent, la densité de courant et la densité de charge ne dépendent que de M. Donc

$$\frac{\partial \rho(M)}{\partial t} = 0$$

et la densité de courant $\vec{j}(M)$ vérifie

$$\boxed{\operatorname{div} \vec{j}(M) = 0}$$

En régime permanent la densité de courant est à flux conservatif

Conséquence

Nous en déduisons les trois propriétés suivantes de $\vec{j}$ en régime permanent

- Le flux de $\vec{j}$ le long d'un ***tube de courant*** est uniforme. En pratique cette propriété signifie que dans un fil en régime permanent, l'intensité est la même en tout point du fil.
- Les lignes de champ de $\vec{j}$ doivent être fermées (ou partir à l'infini). Si elles ne l'étaient pas, on ne pourrait avoir conservation du flux. De façon plus élémentaire, cela signifie qu'un circuit doit être fermé pour qu'un courant permanent puisse le parcourir.
- Le flux de $\vec{j}$ à travers une surface fermée quelconque est nul. En pratique, cette propriété est utilisée dans la ***loi des nuds***.

Remarque:

Dans l'***approximation des régimes quasi permanents***, où les densités de charge et de courants ne varient pas trop vite, ces relations restent valables. Nous étudierons cette situation en détail lors de nos analyses des régimes dépendant du temps.

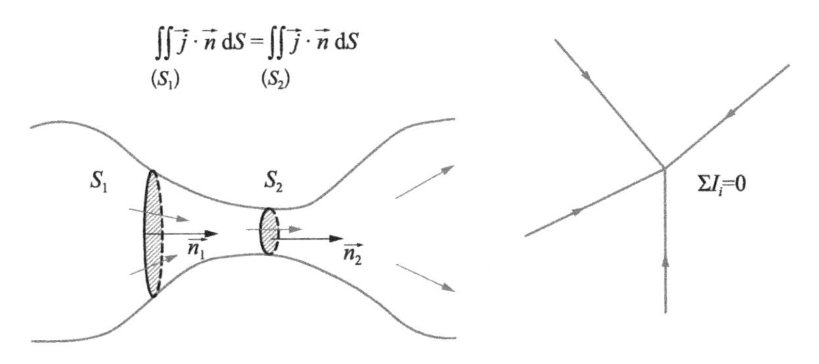

FIGURE 3.10 Courants en régime permanent

3.3 CONDUCTION ET LOI D'OHM

3.3.1 Loi d'Ohm

3.3.1.1 Énoncé

Pour qu'un courant électrique puisse exister dans un conducteur il faut une force motrice. Cette force est la force électrique. L'expérience prouve qu'il existe une (très large) classe de matériaux, appelés ***conducteurs ohmiques***, dans lesquels on a une simple proportionnalité entre $\vec{j}(M)$ et $\vec{E}(M)$:

$$\boxed{\vec{j}(M) = \gamma \vec{E}(M)}$$

Cette loi phénoménologique est appelée ***loi d'Ohm locale***. Le facteur de proportionnalité γ est la ***conductivité*** du milieu. Cette grandeur s'exprime en $\Omega^{-1}\cdot\mathrm{m}^{-1}$ ou $\mathrm{S}\cdot\mathrm{m}^{-1}$.

Activité 3-5

Démontrez-le.

Nous admettons que le second principe de la thermodynamique impose $\gamma > 0$

3.3.1.2 Conductivité – résistivité

La conductivité γ est très variable d'un matériau à un autre, et dépend des conditions expérimentales (par exemple de la température). La Figure 3.11 illustre ces variations pour différents matériaux.

Pour les isolants, elle peut valoir moins de $10^{-8}\ \Omega^{-1}\cdot\mathrm{m}^{-1}$ à $5 \cdot 10^{7}\ \Omega^{-1}\cdot\mathrm{m}^{-1}$ pour les métaux bons conducteurs, comme le cuivre ou l'argent.

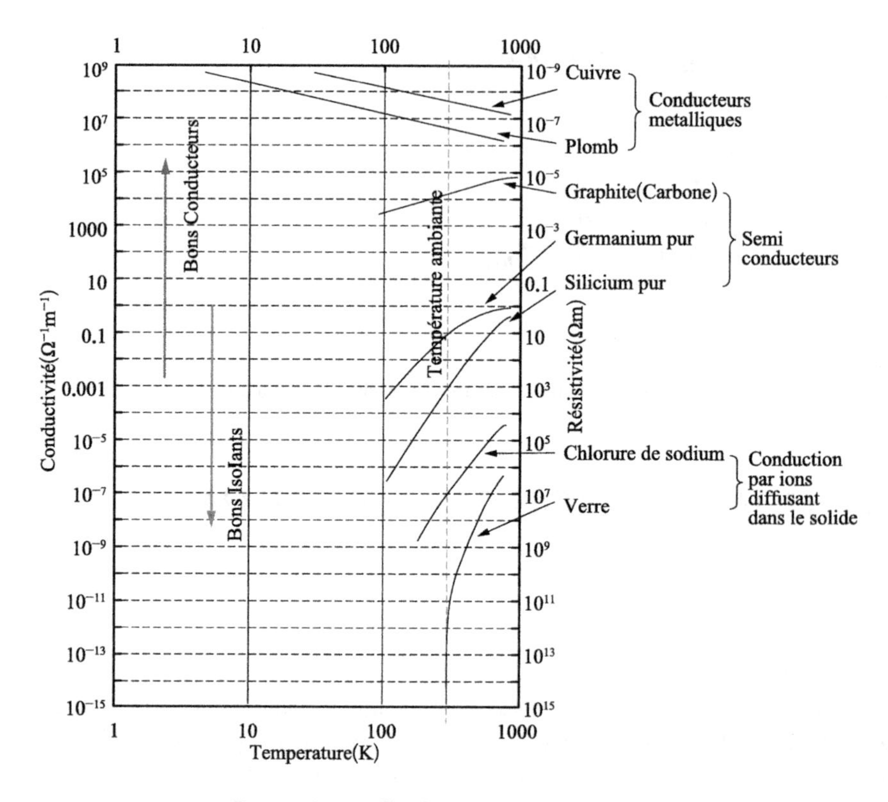

FIGURE 3.11 Conductivité et température

La conductivité des conducteurs métalliques décroît avec la température, alors que celle des semi-conducteurs ou des isolants augmente quand la température augmente. Cette situation est connue depuis le XIXe siècle mais n'a pu être expliquée que dans les années 1920, avec l'avènement de la physique quantique.

Notons que l'on définit également la ***résistivité électrique*** ρ (à ne pas confondre avec une densité volumique de charges):

$$\boxed{\rho \stackrel{\text{def}}{=} \frac{1}{\gamma}}$$

3.3.1.3 Potentiel électrostatique

Dans un conducteur ohmique uniforme (où γ est indépendant de la position), on peut encore écrire:

$$\vec{j}(M) = -\gamma\, \vec{\text{grad}}\, V(M)$$

En prenant la divergence de cette équation, nous avons, en régime permanent:

$$\operatorname{div}\vec{j}(M) = -\operatorname{div}(\gamma\,\overrightarrow{\text{grad}}V)(M) = -\gamma\Delta V(M)$$

Nous en déduisons que dans un conducteur ohmique parcouru par un courant permanent, le potentiel électrostatique vérifie la loi de Laplace:

$$\boxed{\Delta V(M) = 0}$$

3.3.2 Loi d'Ohm en régime permanent

3.3.2.1 Conducteur de section constante – cas unidimensionnel

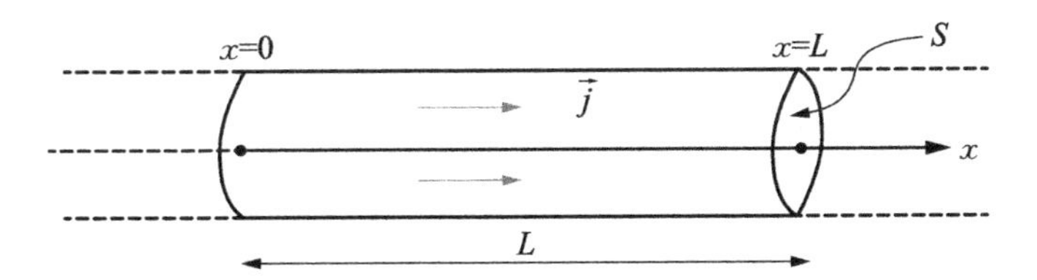

FIGURE 3.12 Résistance unidimensionnelle

Nous considérons (voir Figure 3.12) un barreau conducteur de section S, d'axe Ox, où les grandeurs électriques ne dépendent que de x. Le potentiel $V(x)$ vérifie l'équation de Laplace qui devient:

$$\frac{\mathrm{d}^2V}{\mathrm{d}x^2} = 0.$$

Par conséquent, $V(x)$ est une fonction affine de x. Si on note $V(x=0) = V_1$ et $V(x=L) = V_2$, on aura

$$V(x) = \frac{V_2 - V_1}{L}x + V_1$$

Le champ électrique est donc uniforme

$$\vec{E}(x) = \frac{V_1 - V_2}{L}\vec{e}_x$$

Activité 3-6

Retrouver ce résultat en considérant la conservation du flux de $\vec{j}$.

La densité de courant est donc uniforme

$$\vec{j}(x) = \gamma \frac{V_1 - V_2}{L} \vec{e}_x$$

L'intensité transportée dans le sens des x croissants est

$$I = jS = \frac{\gamma S}{L} \times (V_1 - V_2).$$

Nous aurons donc, en introduisant la ***résistance électrique***

$$\boxed{R \overset{\text{def}}{=} \frac{1}{\gamma} \times \frac{L}{S} = \rho \frac{L}{S}}$$

la ***loi d'Ohm*** bien connue:

$$\boxed{V_1 - V_2 = R \times I.}$$

On notera le caractère algébrique de cette relation: I est compté positivement de 1 vers 2.

3.3.2.2 Résistance cylindrique à courant axial

Nous envisageons une géométrie cylindrique. Le conducteur est une couronne cylindrique d'axe Oz. Le matériau conducteur occupe l'espace $a_1 < r < a_2$ (voir Figure 3.13). De plus, on a $V(r = a_1) = V_1$, $V(r = a_2) = V_2$.

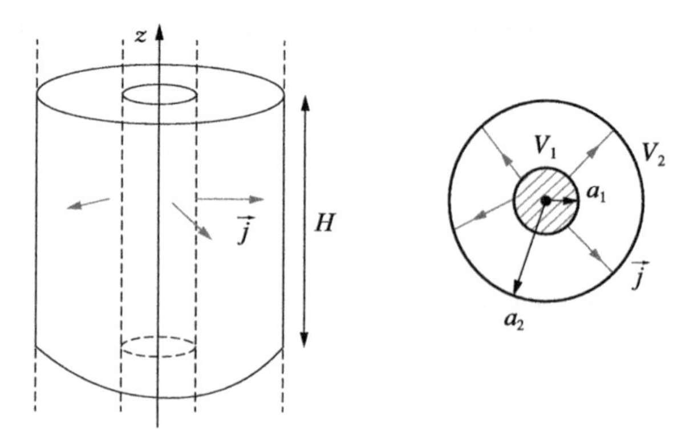

FIGURE 3.13 Résistance cylindrique

Le système est supposé infini et à symétrie de révolution. Nous pourrons donc écrire

$$V = V(r); \quad \vec{E} = E(r)\vec{e_r}; \quad \vec{j} = j(r)\vec{e_r}$$

L'intensité qui traverse un cylindre de rayon r et de hauteur H est

$$I = j(r) \times 2\pi r H$$

Mais en régime permanent le flux de $\vec{j}$ est conservatif. Donc I est indépendant de r. On en déduit

$$E(r) = \frac{j(r)}{\gamma} = \frac{1}{\gamma}\frac{I}{2\pi r H}$$

La différence de potentiel entre les rayons a_1 et a_2 est donc

$$V_1 - V_2 = \int_{a_1}^{a_2} \vec{E}(r) \cdot \vec{e_r}\, \mathrm{d}r = \frac{I}{\gamma 2\pi H} \ln\left(\frac{a_2}{a_1}\right)$$

La résistance est donc finalement

$$\boxed{R = \frac{1}{2\pi\gamma H} \ln\left(\frac{a_2}{a_1}\right)}$$

Activité 3-7

En supposant $a_2 = a_1 + \varepsilon$, avec $\varepsilon \ll a_1$, montrer que cette résistance devient équivalente à celle d'un conducteur unidimensionnel de section $2\pi H a_1$ et d'épaisseur ε.

3.3.2.3 Cas général

Lorsque deux conducteurs aux potentiels V_1 et V_2 sont séparés par un conducteur ohmique, la différence de potentiel entre les deux est proportionnelle à l'intensité

$$\boxed{V_1 - V_2 = R \times I}$$

Pour le démontrer, supposons que, à géométrie fixée, on multiplie l'intensité du courant par un facteur λ, alors la densité de courant, donc le champ électrique, sont également multipliés par λ. La différence de potentiel entre les deux conducteurs, qui est la circulation du champ électrique est donc elle aussi multipliée par λ. On en déduit que $V_1 - V_2$ et I sont proportionnels, avec un facteur de proportionnalité qui ne dépend que de la nature du matériau (par γ) et de la géométrie du conducteur.

3.3.3 Aspect énergétique

3.3.3.1 Puissance volumique fournie aux charges

Dans un conducteur ohmique, la puissance volumique locale fournie aux charges est

$$p_v(M) = \vec{j}(M) \cdot \vec{E}(M) = \gamma E^2(M).$$

La puissance totale fournie aux charges d'un conducteur est donc

$$P = \iiint_{(V)} \gamma E^2(M) \, \mathrm{d}\tau_M$$

Dans le cas d'un barreau cylindrique unidimensionnel (voir Figure 3.12), nous aurons un champ uniforme

$$E = \frac{V_1 - V_2}{L}.$$

Par conséquent

$$P = \gamma \frac{(V_1 - V_2)^2}{L^2} \times SL.$$

En introduisant la résistance $R = \frac{1}{\gamma} \frac{L}{S}$, on obtient la relation bien connue sous le nom de ***loi de Joule***

$$\boxed{P = RI^2}$$

Cette relation est générale et peut être démontrée (nous l'admettons) quelle que soit la géométrie du problème.

Activité 3-8

Retrouver cette relation dans le cas d'une résistance cylindrique à courant axial.

3.3.3.2 Manifestation macroscopique: effet Joule

Comment cette puissance, fournie aux charges mobiles microscopiques du matériau se manifeste-t-elle au niveau macroscopique? Pour le comprendre, considérons comme système la résistance (par exemple le barreau cylindrique étudié plus haut).

En régime permanent, l'énergie interne du barreau doit rester constante. La puissance fournie aux charges doit donc être totalement transmise à l'extérieur. Elle l'est sous forme de chaleur, ce qui explique l'***effet Joule***: un conducteur parcouru par un courant délivre à l'extérieur une puissance thermique RI^2.

Comment l'énergie fournie aux charges mobiles se trouve-t-elle transférée au milieu extérieur? Nous allons le comprendre un peu mieux à l'aide d'un modèle microscopique simple.

3.3.4 Modèle microscopique de la conduction de Drude

3.3.4.1 Présentation du modèle

Un conducteur est considéré comme un milieu dans lequel les porteurs de charge (charge q, densité n, masse m), se déplacent en étant soumis à l'action des autres porteurs et du réseau.

Dans le modèle de Drude (Paul Drude, physicien allemand, 1863-1906), les électrons sont soumis, en plus de la force de Lorentz (forces électriques et magnétiques), à une force de frottement fluide qui modélise l'action du réseau et des autres porteurs. Cette force s'écrit sous la forme:

$$\vec{F}_{\rightarrow\text{porteur}} = -m\frac{\vec{v}}{\tau}$$

où la constante τ, homogène à un temps, est appelée ***temps de relaxation*** du conducteur.

Activité 3-9

Vérifier la dimension de τ.

L'ordre de grandeur de τ est, dans les bons conducteurs $\tau = 10^{-14} \sim 10^{-15}$ s.

Cette force peut s'interpréter en considérant que les porteurs subissent des collisions avec les ions du réseau. Le temps τ représente alors la durée moyenne qui s'écoule, pour un porteur donné, entre deux collisions successives.

3.3.4.2 Mobilité

Plaçons le conducteur dans un champ $\vec{E}$ uniforme et constant. La RFD appliquée à un porteur donne

$$m\frac{\mathrm{d}\vec{v}}{\mathrm{d}t} = -m\frac{\vec{v}}{\tau} + q\vec{E}$$

On a donc, par intégration immédiate

$$\vec{v}(t) = \frac{q\tau\vec{E}}{m} + \left(\vec{v}_0 - \frac{q\tau\vec{E}}{m}\right)\exp\left(-\frac{t}{\tau}\right)$$

Après un temps de l'ordre de τ, la vitesse d'un porteur est pratiquement constante, indépendamment de sa valeur initiale. En moyenne, en *régime permanent*, les porteurs ont donc une vitesse, dite de ***dérive***:

$$\vec{v}_d = \frac{q\tau\vec{E}}{m}$$

On écrit, en régime permanent

$$\boxed{\vec{v}_d = \mu\vec{E}}, \text{ avec } \boxed{\mu = \frac{q\tau}{m}}, \textbf{\textit{mobilité}} \text{ des porteurs.}$$

3.3.4.3 Loi d'Ohm statique

La densité de courant en régime permanent est donc:

$$\vec{j} = nq\vec{v}_d = \frac{nq^2\tau}{m}\vec{E}.$$

Le modèle permet d'expliquer la loi d'Ohm locale, et donne pour la conductivité l'expression:

$$\boxed{\gamma = \frac{nq^2\tau}{m}}$$

Cette relation permet de prévoir les caractéristiques d'un bon conducteur:

- *Densité élevée de porteurs de charge*
  Dans les métaux, l'ordre de grandeur est $10^{28} \sim 10^{29}$ électrons libres par unité de volume. Cette densité est indépendante de la température. Pour les semi-conducteurs et les isolants, en revanche, elle augmente exponentiellement quand la température augmente ; la conductivité des semi-conducteurs augmente quand la température augmente.
- *Temps de relaxation élevé*
  C'est une quantité qui tend à diminuer quand la température augmente, ce qui explique la diminution de la conductivité des métaux quand la température augmente.

3.3.4.4 Régime sinusoïdal

Lorsque le conducteur est soumis à un champ dépendant du temps de façon sinusoïdale,

$$\vec{E} = \vec{E}_0 \cos(\omega t)$$

le conducteur atteint un régime sinusoïdale établi (RSE) où toutes les grandeurs varient sinusoïdalement avec le temps. Le régime transitoire est très court: sa durée est de quelques temps de relaxation.

Activité 3-10

Justifier cette dernière affirmation.

En régime sinusoïdal établi il est commode de travailler avec les représentations complexes

$$\underline{\vec{E}} = \vec{E}_0 e^{j\omega t}, \quad \underline{\vec{v}} = \vec{v}_0 e^{j\omega t} \quad \cdots$$

On obtient alors pour la vitesse et la densité de courant

$$\underline{\vec{v}} = \frac{q\underline{\vec{E}}\tau}{m(1+j\omega\tau)}, \quad \underline{\vec{j}} = \frac{nq^2\tau\underline{\vec{E}}}{m(1+j\omega\tau)} = \underline{\gamma}\underline{\vec{E}}$$

où on a introduit la ***conductivité complexe***

$$\boxed{\underline{\gamma} = \frac{\gamma}{1+j\omega\tau} = \frac{nq^2\tau}{m} \times \frac{1}{1+j\omega\tau}}$$

Le système se comporte comme un filtre passe bas.

- pour $\omega \ll \frac{1}{\tau}$, la relation statique reste valable et on a $\vec{j}(t) = \gamma\vec{E}(t)$.
- pour $\omega \gg \frac{1}{\tau}$, $\underline{\vec{j}} \approx \frac{\gamma}{j\omega\tau}\underline{\vec{E}}$. Le champ et la densité de courant sont en quadrature de phase et la densité de courant est très faible.

Activité 3-11

Montrer que si $\omega \gg 1/\tau$, la valeur moyenne temporelle de la puissance fournie aux charges est nulle: $\langle p_v \rangle = 0$. À très haute fréquence (dans l'ultraviolet pour les métaux usuels), l'effet Joule disparaît!

EXERCICES 3

Exercice 3-1: Équilibre électrostatique d'un cylindre en rotation

Un long cylindre neutre conducteur de rayon a est en rotation uniforme autour de son axe Oz vertical, avec la vitesse angulaire ω. Les charges libres sont des électrons de masse m.

1. Écrire la relation d'équilibre à la distance r de l'axe, dans le référentiel tournant avec le cylindre.
2. Calculer la différence de potentiel U entre l'axe du cylindre et sa périphérie. Application numérique: $m = 9,1 \times 10^{-31}$ kg, rotation à 100 tours/seconde; $a = 10$ cm.
3. Déterminer la densité volumique de charge dans le disque, à la distance r de l'axe.
4. Déterminer la densité surfacique σ présente sur la face externe du cylindre. Que vaut le champ électrique à l'extérieur du cylindre? Relier σ à la discontinuité du champ.

Exercice 3-2: Charges et potentiels de sphères concentriques

Une sphère conductrice S_1 de rayon R_1 est placée dans une autre sphère conductrice creuse S_2 de rayon extérieur R_3 comportant une cavité sphérique de rayon R_2. Les trois sphères sont concentriques et $R_1 < R_2 < R_3$. On note Q_1 la charge de la sphère S_1 et V_{I} son potentiel, Q_2 la charge de la face interne de S_2, Q_3 la charge de la face externe de S_2, et V_{II} le potentiel de S_2.

1. Quelle relation a-t-on entre Q_1 et Q_2? En utilisant le théorème de Gauss, déterminer le champ à l'extérieur du système ($r > R_3$) et en déduire l'expression de V_{II}. Déterminer de même le champ entre les conducteurs et l'expression de V_{I}.
2. On charge S_1 avec une charge totale Q_0 puis on la place dans S_2 neutre et isolée. Déterminer les charges de chacune des faces et les potentiels des conducteurs.
3. À partir de la situation précédente, on relie les deux conducteurs par un fil. Déterminer la nouvelle répartition des charges et les nouveaux potentiels.
4. On impose $V_{\mathrm{I}} = 0$ et $V_{\mathrm{II}} = V_2$ donnés. Déterminer les charges de chacune des faces.

Exercice 3-3: Sphère dans un condensateur

Soit un condensateur plan d'épaisseur e. L'armature A_1 est au potentiel U, l'armature A_2 est au potentiel zéro. Une sphère conductrice de rayon R est placée à l'intérieur du condensateur, son centre se trouvant à la distance a de A_2. On admettra que la charge portée par la sphère ne perturbe pas sensiblement la répartition de la charge sur les armatures.

1. Calculer la charge Q portée par la sphère si on la relie à l'armature A_1 par un fil conducteur.

Exercice 3-4: Résistance sphérique

Un conducteur de conductivité γ occupe l'espace contenu entre deux sphères de rayons r_1 et r_2 avec $r_1 < r_2$.

La sphère de rayon r_1 (interne) est au potentiel V_1, la sphère de rayon r_2 (externe) est au potentiel V_2.

1. Déterminer le vecteur densité de courant et le champ électrique entre les deux sphères.
2. Déterminer la résistance électrique entre la sphère interne et la sphère externe.

Exercice 3-5: Quelques ordres de grandeur en conduction

Un ruban parallélépipédique de cuivre ($\sigma = 6 \cdot 10^7\ \Omega^{-1}{\cdot}\text{m}^{-1}$ de 1 cm de large et de 1 mm d'épaisseur) est parcouru par un courant d'intensité $I = 1$ A.

La masse volumique du cuivre est $\mu = 8,96$ g·cm^{-3}, sa masse molaire est $M = 63,5$ g·mol^{-1}. On sait que chaque atome de cuivre libère 2 électrons de conduction, et on suppose que la température $T = 300$ K. On rappelle la masse d'un électron $m_e = 9,11 \cdot 10^{-31}$ kg et la constante de Boltzmann: $k_B = 1,38 \cdot 10^{-23}$ J·K^{-1}.

1. Déterminer la densité de porteurs et le temps de relaxation τ du cuivre dans le modèle de Drude.
2. Déterminer la vitesse moyenne des électrons dans le ruban de cuivre. La comparer à la vitesse quadratique des électrons (considérés comme constituant d'un gaz parfait).

Exercice 3-6: Effet Hall

Un conducteur ohmique de longueur h, de section carrée de côté a, de conductivité γ est parcouru par un courant d'intensité I uniformément réparti en volume, de densité de courant $\vec{j} = j\vec{e}_x$.

La densité de porteurs de charge est notée n. On applique un champ magnétique uniforme $\vec{B} = B_0\vec{e}_z$ perpendiculaire à une de ses faces longues. On rappelle qu'une charge q de vitesse $\vec{v}$ dans un champ $\vec{B}$ est soumise à la force magnétique $\vec{F}_m = q\vec{v} \wedge \vec{B}$.

1. En raisonnant sur un porteur en régime permanent, montrer qu'il existe un champ électrique dans le conducteur, qui s'exprime $\vec{E} = \dfrac{\vec{j}}{\gamma} - R_H(\vec{j} \wedge \vec{B})$ et

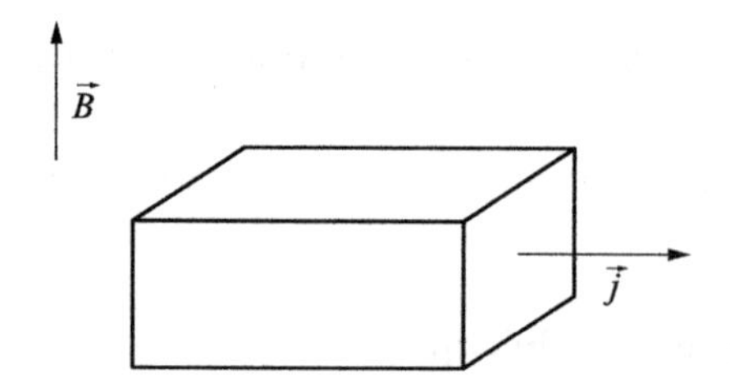

exprimer R_H.
En déduire la tension (dite ***tension de Hall***) qui apparaît entre les faces y =cte en fonction de la tension d'alimentation U du conducteur ohmique (entre les faces $x = 0$ et $x = h$) et de la densité de porteurs de charge n entre autres.
Application numérique: pour le cuivre $\gamma = 5,7 \cdot 10^7$ S·m^{-1} et $n = 8 \cdot 10^{28}$ m^{-3}; pour le silicium $\gamma = 3 \cdot 10^{-4}$ S·m^{-1} et $n = 10^{16}$ m^{-3}. Prendre $B_0 = 1$ T.

2. Calculer la force totale qui s'exerce sur les charges fixes du conducteur.

4 MAGNÉTOSTATIQUE

4.1 CHAMP MAGNÉTOSTATIQUE

Nous considérons une distribution de courant (D) *stationnaire* dans un référentiel donné.

4.1.1 Définition du champ magnétostatique

4.1.1.1 Force magnétique

Plaçons une charge q_t au voisinage de (D) (voir Figure 4.1). Dans le référentiel d'étude, sa vitesse est $\vec{v}$. Nous admettons que la distribution exerce sur la charge q_t une force, dite ***force de Lorentz magnétique***, de la forme:

$$\boxed{\vec{F}_{\to q_t} = q_t \vec{v} \wedge \vec{B}(M)}$$

où le champ $\vec{B}(M)$ est le ***champ magnétostatique*** créé en M par la distribution de courants (D).

Le champ $\vec{B}$ s'exprime en ***tesla* (T)**; cette unité est égale à un $\mathrm{N{\cdot}s{\cdot}m^{-1}{\cdot}C^{-1}}$.

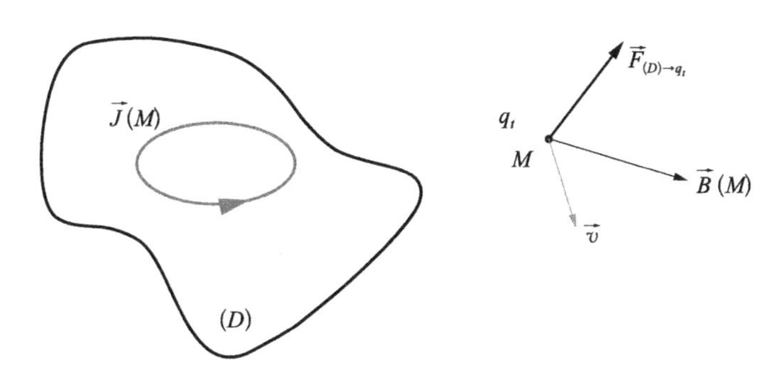

FIGURE 4.1 Champ magnétostatique

4.1.1.2 Équations locales de la magnétostatique

On admet que, si la distribution (D) est associée à une distribution de la densité de courants $\vec{j}(M)$ *indépendante du temps*, le champ $\vec{B}(M)$ vérifie en tout point, les deux ***équations locales de la magnétostatique***:

$$\boxed{\operatorname{div}\vec{B}(M) = 0} \qquad \boxed{\vec{\operatorname{rot}}\vec{B}(M) = \mu_0\vec{j}(M)}$$

La première équation est une relation de structure puisqu'elle énonce une propriété intrinsèque du champ magnétique.

La deuxième établit un lien entre le champ et ses sources elle fait intervenir la ***perméabilité du vide*** μ_0, qui vaut *exactement*

$$\boxed{\mu_0 \stackrel{\text{def}}{=} 4\pi \cdot 10^{-7}\ \mathrm{H \cdot m^{-1}}}$$

4.1.1.3 Propriétés

Les deux équations locales sont linéaires. On pourra donc appliquer le ***principe de superposition*** au champ magnétique.

Notons de plus, en prenant le rotationnel de la deuxième, que l'on doit avoir:

$$\operatorname{div}\vec{j}(M) = 0$$

Ces deux équations sont compatibles avec l'équation locale de conservation de la charge ***en régime permanent***.

4.1.2 Symétries du champ magnétique

Comme la force magnétique fait intervenir un produit vectoriel, les règles de symétrie du champ magnétique sont différentes de celles du champ électrique.

4.1.2.1 Distribution symétrique par rapport à un plan

Une distribution $\vec{j}(M)$ de courant est invariante par symétrie plane (voir Figure 4.2) si elle reste globalement inchangée lors de l'opération de symétrie, c'est-à-dire lorsque pour tout point M:

$$\boxed{\vec{j}(S_\Pi(M)) = S_\Pi(\vec{j}(M))}$$

Envisageons un système avec deux charges identiques q placées aux points symétriques M et $M' = S_\Pi(M)$, avec des vitesses respectives $\vec{v}$ et $\vec{v'} = S_\Pi(\vec{v})$.

Ce système, sources + particules est globalement invariant par symétrie relative-

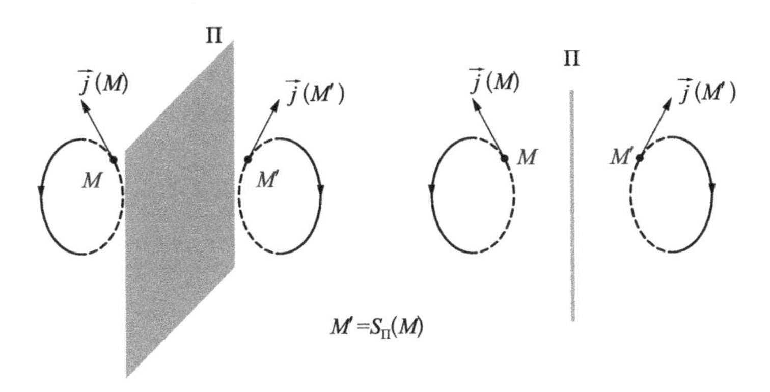

FIGURE 4.2 Symétrie plane

ment à Π, il doit donc le rester au cours du temps, ce qui impose que les forces agissant sur les deux particules soient elles mêmes symétriques par rapport à Π. Il faudra donc :

$$S_\Pi(q\vec{v} \wedge \vec{B}(M)) = qS_\Pi(\vec{v}) \wedge \vec{B}(S_\Pi(M))$$

Mais il est facile de voir avec la règle de la main droite que, pour tous vecteurs $\vec{a}$, $\vec{b}$:

$$S_\Pi(\vec{a} \wedge \vec{b}) = -S_\Pi(\vec{a}) \wedge S_\Pi(\vec{b}).$$

Par conséquent, l'invariance par symétrie plane impose :

$$-qS_\Pi(\vec{v}) \wedge S_\Pi(\vec{B}(M)) = qS_\Pi(\vec{v}) \wedge \vec{B}(S_\Pi(M))$$

Comme ce raisonnement doit être valable quel que soit le vecteur $\vec{v}$, on en déduit la relation suivante.

Si la distribution de courant (D) est invariante par symétrie relativement au plan Π: $S_\Pi(\vec{B}(M)) = -\vec{B}(S_\Pi(M))$.

Un plan de symétrie des courants est donc un plan d'antisymétrie du champ magnétostatique.

La situation est illustrée sur la Figure 4.3.

En particulier, pour un point M du plan Π on aura $S_\Pi(\vec{B}(M)) = -\vec{B}(M)$.

En un point du plan de symétrie, le champ magnétique est perpendiculaire au plan.

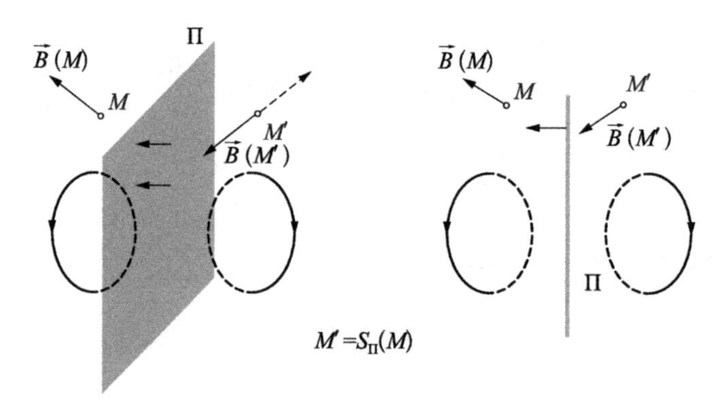

FIGURE 4.3 Champ magnétique et symétrie plane

4.1.2.2 Distribution antisymétrique par rapport à un plan

Une distribution de courant $\vec{j}(M)$ est antisymétrique par rapport à un plan Π si en tout point on a

$$\boxed{\vec{j}(S_\Pi(M)) = -S_\Pi(\vec{j}(M))}$$

Un exemple est donné sur la Figure 4.4. Dans ce cas, l'opération de symétrie plane entraîne une multiplication par −1 des distributions de courant, et donc des forces subies par les particules.

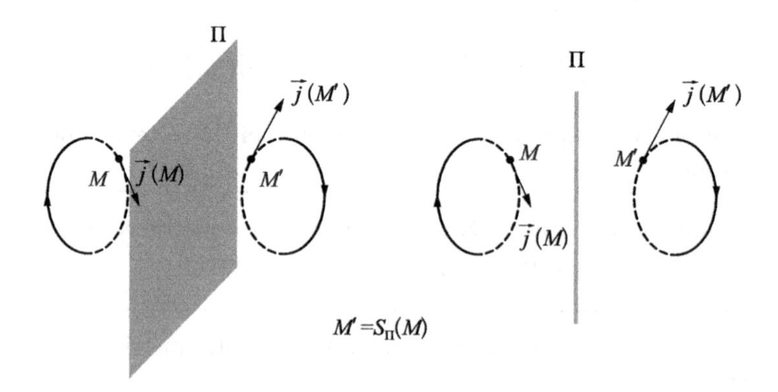

FIGURE 4.4 Distribution antisymétrique

La même analyse que précédemment conduit à ce que, dans ce cas,

$$\boxed{\vec{B}(S_\Pi(M)) = S_\Pi(\vec{B}(M))}$$

Comme cas particulier, en un point M du plan, on aura

$$\vec{B}(M) = S_{\Pi}(\vec{B}(M)).$$

> En un point d'un plan d'antisymétrie des courants, le champ magnétostatique est parallèle à ce plan.

La structure du champ magnétique est représentée sur la Figure 4.5

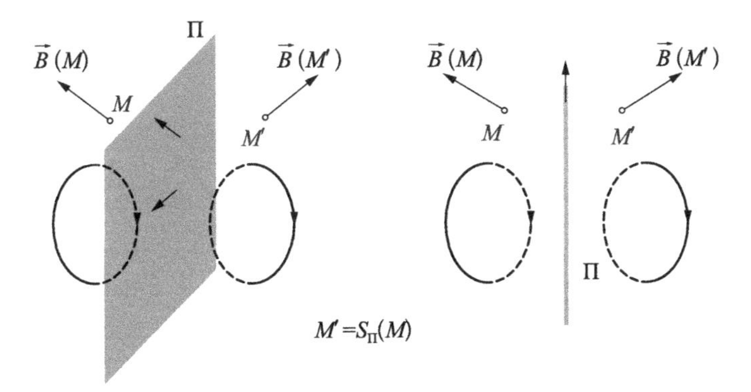

FIGURE 4.5 Champ magnétique et distribution antisymétrique

Les comportements du champ électrique de $\vec{E}$ et du champ magnétique $\vec{B}$ vis-à-vis d'une symétrie plane sont donc opposés.

On dit que $\vec{E}$ est un ***vecteur polaire***, également appelé *vrai vecteur* (il se comporte comme couple de points), alors que $\vec{B}$ est un ***vecteur axial***, encore appelé *pseudo-vecteur.*

4.1.3 Lignes de champ et conservation du flux

Le champ magnétique, tout comme la densité de courant en régime permanent est un champ vectoriel à flux conservatif.

Pour la même raison que pour les lignes de courant de $\vec{j}$, qui sont fermées en régime permanent, donc, nous pouvons affirmer la même chose pour le champ magnétostatique.

> Les lignes du champ magnétostatique sont des courbes fermées (ou qui partent à l'infini).

Cette propriété distingue nettement la topographie d'un champ magnétique de celle d'un champ électrostatique.

4.2 THÉORÈME D'AMPÈRE ET APPLICATIONS

D'une certaine façon, le théorème d'Ampère joue en magnétostatique le rôle du théorème de Gauss en électrostatique. Il permet de déterminer rapidement l'expression de champs magnétiques de haute symétrie.

4.2.1 Le théorème d'Ampère

4.2.1.1 Énoncé général

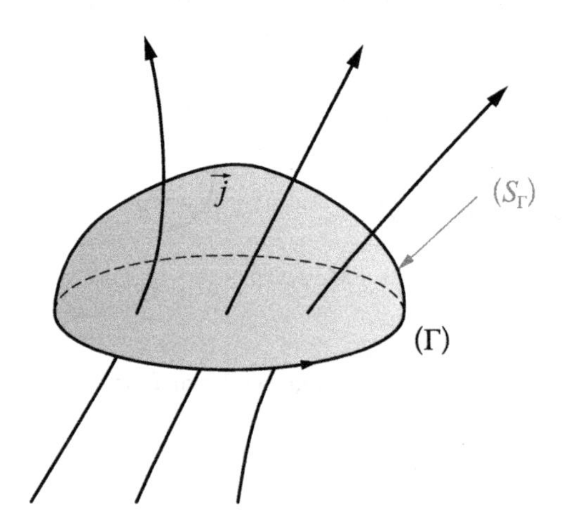

FIGURE 4.6 Théorème d'Ampère

Considérons une courbe fermée (Γ) orientée et appliquons le théorème de Stokes au champ $\vec{B}$ le long de (Γ) en introduisant une surface (S_Γ) orientée relativement à (Γ) par la règle de la main droite:

$$\oint_{(\Gamma)} \vec{B}(M) \cdot \mathrm{d}\vec{\ell}_M = \iint_{(S_\Gamma)} \vec{\mathrm{rot}}\vec{B}(M) \cdot \vec{n}_M \, \mathrm{d}s_M$$

Mais nous avons supposé

$$\vec{\mathrm{rot}}\vec{B}(M) = \mu_0 \vec{j}(M)$$

donc nous aurons simplement

$$\oint_{(\Gamma)} \vec{B}(M) \cdot \mathrm{d}\vec{\ell}_M = \mu_0 \iint_{(S_\Gamma)} \vec{j}(M) \cdot \vec{n}_M \, \mathrm{d}s_M$$

Nous appelons ***intensité enlacée*** par (Γ) la quantité

$$\boxed{I_{\text{enlacée},(\Gamma)} \stackrel{\text{def}}{=} \iint_{(S_\Gamma)} \vec{j}(M) \cdot \vec{n}_M \, \mathrm{d}s_M}$$

Le ***théorème d'Ampère*** s'écrit donc

$$\boxed{\oint_{(\Gamma)} \vec{B}(M) \cdot \mathrm{d}\vec{\ell}_M = \mu_0 \times I_{\text{enlacée},(\Gamma)}}$$

En régime permanent, l'intensité enlacée ne dépend pas de la surface (S_Γ) choisie. Le courant enlacé est caractéristique du contour (Γ) et non de la surface (S_Γ).

Activité 4-1

Démontrer cette propriété.

4.2.1.2 Exemples de courants enlacés

Le courant enlacé par une courbe représente l'intensité du courant qui traverse la surface (S_Γ) s'appuyant sur (Γ). La Figure 4.7 montre quelques exemples de courant filiformes enlacés par une courbe.

Noter que l'on doit considérer le nombre de fois ou les conducteurs interceptent la surface (S_Γ), et le sens de parcours des courants.

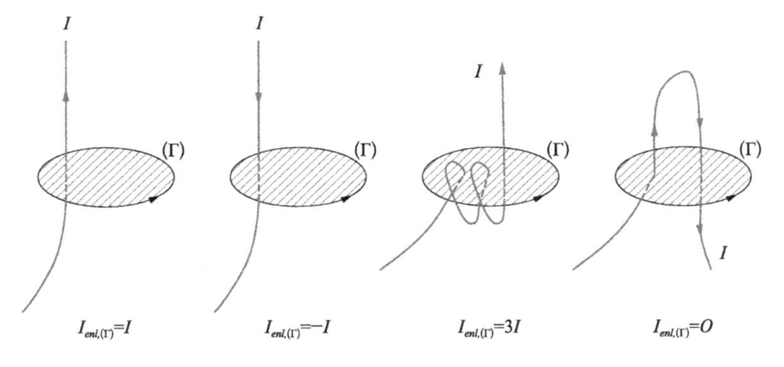

FIGURE 4.7 Courants filiformes enlacés

4.2.2 Champ magnétostatique créé par un fil rectiligne infini

Il s'agit d'un circuits qui est fermé à l'infini, suffisamment loin des points considérés pour que le circuit de fermeture ait une quelconque influence.

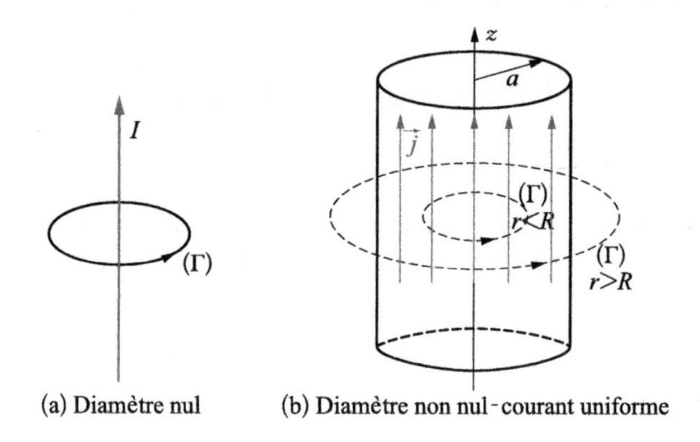

FIGURE 4.8 Fils rectilignes

4.2.2.1 Diamètre nul

C'est la situation de la Figure 4.8(a).

1. Analyse des symétries et invariances

Le plan θ =cte passant par M (soit MOz) est un plan de symétrie du courant, donc le champ $\vec{B}(M)$ lui est perpendiculaire:

$$\vec{B}(M) = B(M)\vec{e}_\theta$$

Le système est invariant par rotation, donc $B(M)$ ne peut pas dépendre de θ.

Le fil est infini, donc le système est invariant par translation, donc $B(M)$ ne peut pas dépendre de z.

On aura donc en coordonnées cylindriques:

$$\vec{B}(M) = B(r)\vec{e}_\theta$$

2. Choix du contour d'Ampère et calcul de la circulation

Le contour d'Ampère choisi est un cercle de rayon r orienté dans le sens direct (ou "positif") par rapport à $\vec{e}_z$. L'élément de longueur de (Γ) vérifie $\mathrm{d}\vec{\ell}_M = \mathrm{d}\ell_M\vec{e}_\theta$.

Par conséquent

$$\oint_{(\Gamma)} \vec{B}(M) \cdot \mathrm{d}\vec{\ell}_M = B(r) \oint \mathrm{d}\ell_M = B(r) \times 2\pi r$$

3. Calcul du courant enlacé

La surface (S_Γ) choisie est le disque de rayon r orienté par $\vec{e}_z$. On a donc simplement

$$I_{\text{enlacée},(\Gamma)} = I$$

4. Application du théorème d'Ampère

Finalement:

$$B(r) \times 2\pi r = \mu_0 I$$

donc le champ est:

$$\boxed{\vec{B}(M) = \frac{\mu_0 I}{2\pi r}\vec{e}_\theta}$$

4.2.2.2 Diamètre fini, densité de courant uniforme

Le fil a maintenant un rayon R [voir Figure 4.8(b)], et il est parcouru par une densité de courant uniforme

$$\vec{j} = j\vec{e}_z$$

L'intensité transportée par le fil est simplement

$$I = j \times \pi a^2$$

L'analyse des symétries est identique à celle du fil de diamètre nul, de même que le choix du contour d'Ampère (Γ). La seule chose qui change est l'intensité enlacée par (Γ), qui dépend maintenant de r:

- Pour $r > R$, $I_{\text{enl},(\Gamma)} = I$
- Pour $r < R$, $I_{\text{enl},(\Gamma)} = j \times \pi r^2 = \dfrac{Ir^2}{a^2}$.

L'application du théorème d'Ampère donne alors:

$$\boxed{\vec{B} = \frac{\mu_0 I}{2\pi r}\vec{e}_\theta = \frac{\mu_0 j a^2}{2r}\vec{e}_\theta \text{ pour } r > a} \quad \boxed{\vec{B} = \frac{\mu_0 j r}{2}\vec{e}_\theta = \frac{\mu_0}{2}\vec{j} \wedge \overrightarrow{OM} \text{ pour } r < a}$$

Le champ magnétique est représenté sur la Figure 4.9.

À l'extérieur du cylindre, le champ magnétique est donc le même que si toute

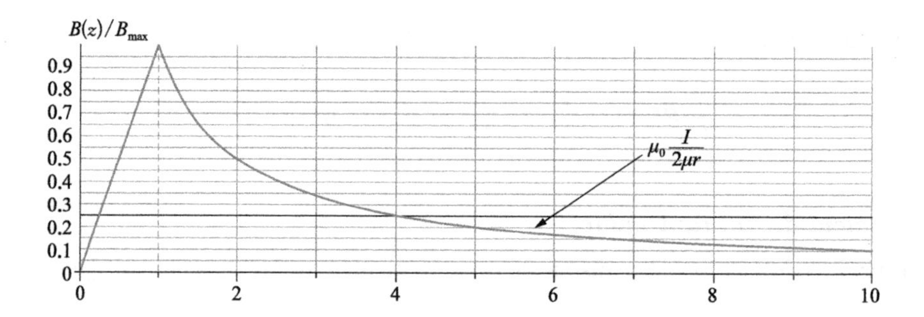

FIGURE 4.9 Champ magnétique d'un fil rectiligne

l'intensité était concentrée sur l'axe.

Activité 4-2

Montrer que ce résultat est vrai pour toute distribution de courant cylindrique.

4.2.3 Champ magnétique créé par un solénoïde infini

La situation est représentée sur la Figure 4.10. Un solénoïde est une bobine longue, formée de spires circulaires jointives d'axe Oz et de rayon a. Il comprend n spires par unité de longueur (n est en m^{-1}). Les spires sont parcourues par un courant d'intensité I dans le sens de $\vec{e}_\theta$.

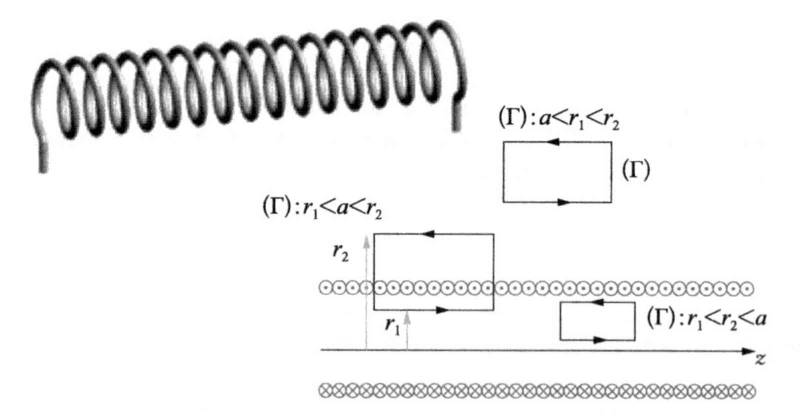

FIGURE 4.10 Solénoïde

1. Analyse des symétries et invariances

Le plan $z =$cte passant par M (soit Mxy) est un plan de symétrie pour les courants, donc le champ $\vec{B}(M)$ lui est perpendiculaire

$$\vec{B}(M) = B(M)\vec{e}_z$$

Le système est invariant par rotation autour de Oz, donc $B(M)$ ne peut pas dépendre de θ (cylindrique).

Le fil est infini, donc le système est invariant par translation le long de Oz, donc $B(M)$ ne peut pas dépendre de z. On aura donc en coordonnées cylindriques:

$$\vec{B}(M) = B(r)\vec{e}_z$$

2. Choix du contour d'Ampère et calcul de la circulation

Le contour d'Ampère choisi est un rectangle de longueur L selon $\vec{e}_z$, entre les rayons $r = r_1$ et $r = r_2$, avec $r_1 < r_2$, orienté par une normale parallèle à $\vec{e}_\theta$ (voir Figure 4.10). La circulation est simplement

$$\oint_{(\Gamma)} \vec{B}(M) \cdot \mathrm{d}\ell_M = B(r_1)L - B(r_2)L.$$

3. Calcul du courant enlacé

Le calcul du courant enlacé dépend de r_1 et de r_2

- Si $r_1 < r_2 < a$, ou $a < r_1 < r_2$ (contour entièrement intérieur ou extérieur au solénoïde) on aura $I_{\mathrm{enl},(\Gamma)} = 0$
- Si $r_1 < a < r_2$, (Γ) enlace $n \times L$ spires, donc $I_{\mathrm{enl},(\Gamma)} = nLI$.

4. Application du théorème d'Ampère

On déduit du théorème d'Ampère que si r_1 et r_2 sont tous deux à l'intérieur ou l'extérieur du solénoïde, $B(r_1) = B(r_2)$

Le champ magnétique est uniforme à l'intérieur et à l'extérieur du solénoïde

Nous *admettons* que le champ extérieur est nul.

Ce résultat est intuitif (en pratique lorsqu'on est très loin du solénoïde, on s'attend bien à ce que le champ magnétique soit nul), mais nous l'admettons pour l'instant. Nous pourrons le démontrer quand nous connaîtrons les expressions intégrales du champ magnétique (***loi de Biot et Savart***).

Dans le cas $r_1 < a < r_2$, nous avons donc

$$L \times (B(r_1) - B(r_2)) = \mu_0 nI \times L$$

avec $B(r_2 > a) = 0$, donc on obtient $B(r_1) = \mu_0 n I$. Finalement nous retenons:

$$\boxed{\vec{B}(r < a) = \mu_0 n I \vec{e}_z} \qquad \boxed{\vec{B}(r > a) = \vec{0}}$$

Le champ magnétique est uniforme à l'intérieur et nul à l'extérieur du solénoïde.

4.2.4 Champ magnétostatique crée par une nappe de courant

4.2.4.1 Nappe plane infinie uniforme

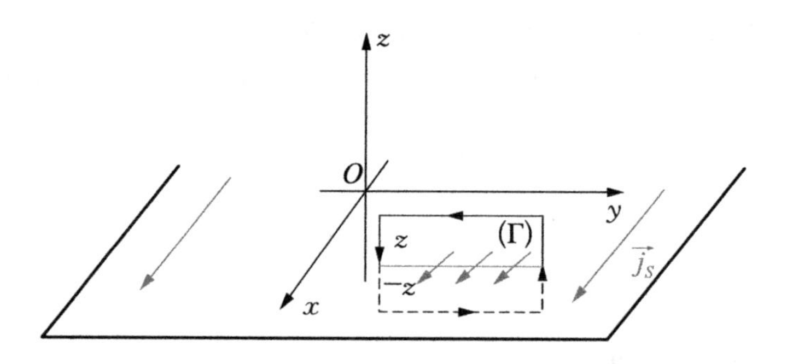

FIGURE 4.11 Nappe plane infinie

Nous considérons une nappe de courant dans le plan $z = 0$, parcourue par une densité surfacique uniforme

$$\vec{j}_s = j_s \vec{e}_x$$

Pour un point M quelconque, le plan y =cte contenant M (soit le plan Mxz) est un plan de symétrie, donc $\vec{B}(M)$ est normal à ce plan:

$$\vec{B}(M) = B(M)\vec{e}_y$$

De plus, le système est invariant par translation parallèle à $\vec{e}_x$ ou $\vec{e}_y$. $B(M)$ ne peut donc dépendre que de z:

$$\vec{B} = B(z)\vec{e}_y$$

Enfin, le plan $z = 0$ est un plan de symétrie de la distribution de courant, par conséquent, c'est un plan d'antisymétrie pour le champ $\vec{B}$:

$$B(z) = -B(-z) \quad \text{fonction impaire}$$

En particulier, nous aurons $B(0) = 0$.

Nous choisissons comme contour d'ampère un rectangle de longueur L selon $\vec{e}_y$, dans un plan x =cte limité par les droites de côtes $-z$, $+z$ (avec $z > 0$) et orienté dans le sens direct relativement à $\vec{e}_x$.

La circulation est

$$L \times (B(z) - B(-z)) = 2 \times B(z) \times L$$

Le courant enlacé est

$$I_{\text{enl},(\Gamma)} = j_s \times L$$

On en déduit

$$\boxed{\vec{B}(z > 0) = -\frac{\mu_0 j_s}{2}\vec{e}_y}; \quad \boxed{\vec{B}(z < 0) = \frac{\mu_0 j_s}{2}\vec{e}_y}; \quad \boxed{\vec{B}(z = 0) = \vec{0}}$$

Le champ magnétique est discontinu au passage de la surface portant les courants:

$$\boxed{\vec{B}(z = 0^+) - \vec{B}(z = 0^-) = \mu_0 \vec{j}_s \wedge \vec{e}_z}$$

où $\vec{e}_z$ est le vecteur unitaire normal à cette surface. Cette formule se généralise à toutes les distributions surfaciques :

$$\boxed{\vec{B}^+ - \vec{B}^- = \mu_0 \vec{j}_s \wedge \vec{n}}$$

où $\vec{n}$ est un vecteur unitaire normal à la surface conductrice, orienté du côté "$-$" vers le côté "$+$".

4.2.4.2 Nappe de courant cylindrique uniforme

À titre d'exercice, nous considérons une nappe de courant cylindrique sur un cylindre d'axe Oz, de rayon a, parcourue par une densité surfacique de courant uniforme $\vec{j}_s = j_s \vec{e}_\theta$. Ceci peut modéliser un solénoïde.

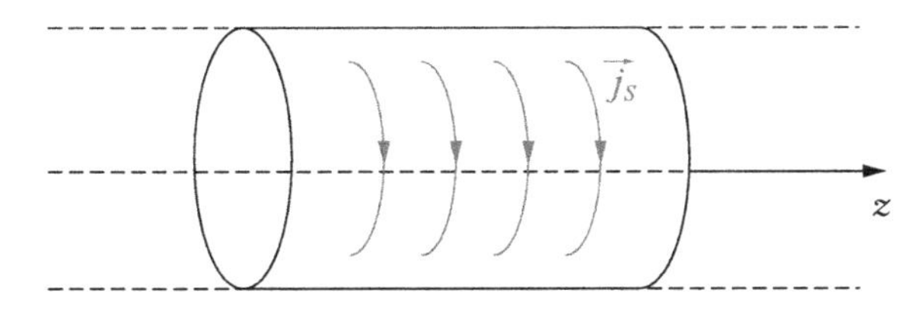

FIGURE 4.12 Nappe cylindrique

On admet que le champ magnétique loin du solénoïde est nul. Le champ magnétique vérifie

$$\boxed{\vec{B}(r > a) = \vec{0}} \quad \text{et} \quad \boxed{\vec{B}(r < a) = \mu_0 j_s \vec{e}_z}$$

Activité 4-3

Démontrer ces résultats

4.3 EXPRESSIONS INTÉGRALES – LOI DE BIOT ET SAVART

4.3.1 Loi de Biot et Savart

Nous admettons les expressions intégrales ci-dessous, qui sont démontrées en partie **4.4** de ce chapitre, à partir des équations locales.

4.3.1.1 Distribution volumique de courant

Pour une distribution volumique de courant $\vec{j}(P)$, le champ magnétique créé au point M est:

$$\boxed{\vec{B}(M) = \frac{\mu_0}{4\pi} \iiint_{(D)} \frac{\vec{j}(P) \wedge \overrightarrow{PM}}{PM^3} \, \mathrm{d}\tau_P}$$

4.3.1.2 Distribution surfacique de courant

Pour une distribution surfacique de courant $\vec{j}_s(P)$, le champ magnétique créé au point M est:

$$\boxed{\vec{B}(M) = \frac{\mu_0}{4\pi} \iint_{(S)} \frac{\vec{j}_s(P) \wedge \overrightarrow{PM}}{PM^3} \, \mathrm{d}s_P}$$

4.3.1.3 Cas d'un fil conducteur

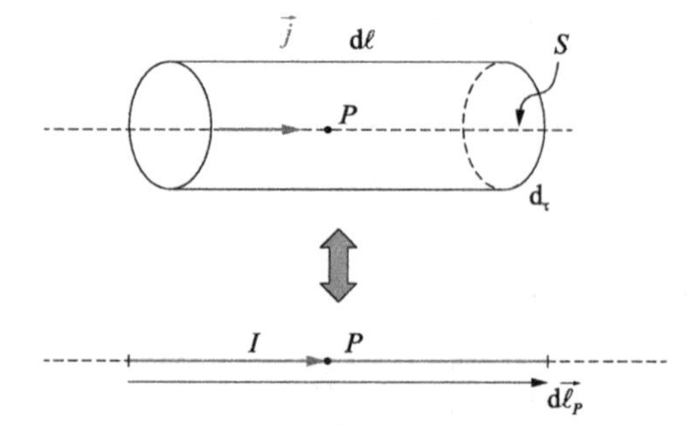

FIGURE 4.13 Élément de courant

Pour un segment $\mathrm{d}\vec{\ell}$ de fil conducteur parcouru par un courant $\vec{j}$, on a (voir Figure 4.13)

$$\vec{j} \times \mathrm{d}\tau = \vec{j} \times S\mathrm{d}\ell = j \times S\mathrm{d}\vec{\ell} = I \times \mathrm{d}\vec{\ell}$$

Nous aurons donc

$$\vec{B}(M) = \int \left(\frac{\mu_0}{4\pi} I \mathrm{d}\vec{\ell}_p \wedge \frac{\overrightarrow{PM}}{PM^3} \right)$$

Notons qu'en régime permanent I est indépendante du point P considéré donc:

$$\boxed{\vec{B}(M) = \frac{\mu_0 I}{4\pi} \int \frac{\mathrm{d}\vec{\ell}_p \wedge \overrightarrow{PM}}{PM^3}}$$

4.3.2 Exemples d'utilisation de la loi de Biot et Savart

4.3.2.1 Spire en un point de son axe

La situation est représentée sur la Figure 4.14.

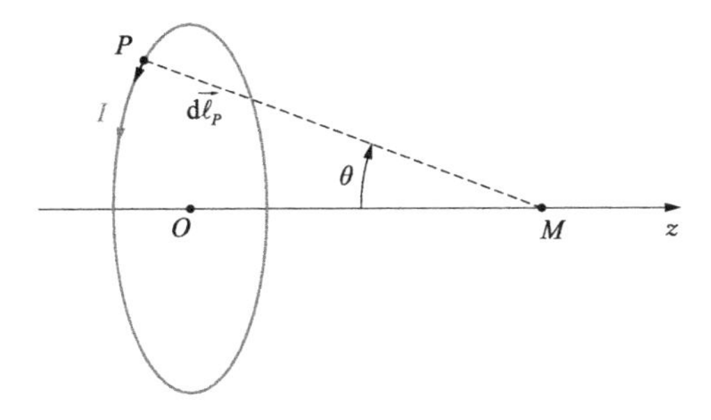

FIGURE 4.14 Calcul du champ d'une spire

Le résultat de l'intégration est

$$\boxed{\vec{B} = \frac{\mu_0 I}{2a} \sin^3 \theta \, \vec{e}_z}$$

Activité 4-4

Démontrer ce résultat.

En fonction de z, ce champ s'ecrit:

$$\boxed{\vec{B}(z) = \frac{\mu_0 I a^2}{2(a^2+z^2)^{3/2}}\,\vec{e}_z}$$

La courbe des variations de $\vec{B}$ avec z est représentée Figure 4.15. Le champ possède l'intensité maximum au centre de la spire.

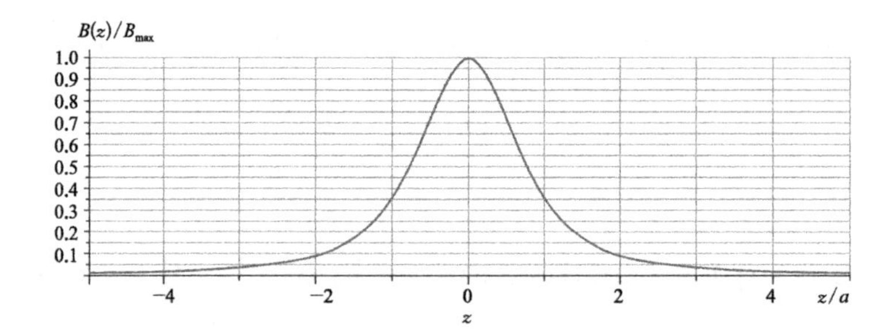

FIGURE 4.15 Champ magnétique

4.3.2.2 *Solénoïde fini: champ sur l'axe*

La situation est représentée sur la Figure 4.16. Le solénoïde d'axe Oz a maintenant une longueur L et un rayon a. On cherche le champ sur l'axe par superposition, en considérant que le solénoïde est la juxtaposition de spires élémentaires.

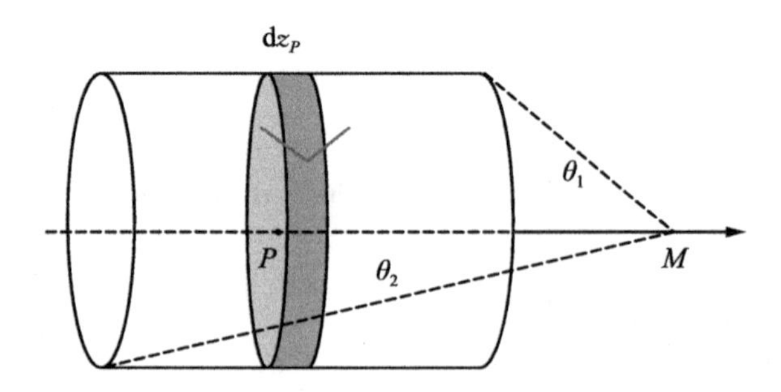

FIGURE 4.16 Calcul du champ d'un solénoïde fini

Une tranche dz_p de solénoïde est équivalent à une spire circulaire de rayon a parcourue par $nI\mathrm{d}z_p$. Elle crée donc au point z un champ

$$\mathrm{d}\vec{B} = \frac{\mu_0 n I a^2}{2\left(a^2 + (z - z_p)^2\right)^{3/2}} \mathrm{d}z_p\,\vec{e}_z$$

Le champ créé en z est donc

$$\vec{B} = \int_{-L/2}^{L/2} \frac{\mu_0 n I a^2}{2\left(a^2 + (z - z_p)^2\right)^{3/2}} \mathrm{d}z_p\,\vec{e}_z$$

On peut introduire les angles, indiqués sur la Figure 4.16.

$$\theta_1 = \arctan\left(\frac{a}{z - L/2}\right) \quad \text{et} \quad \theta_2 = \arctan\left(\frac{a}{z + L/2}\right)$$

pour obtenir

$$\boxed{\vec{B} = \frac{\mu_0 n I}{2}(\cos\theta_2 - \cos\theta_1)\vec{e}_z}$$

Activité 4-5

Démontrer ce résultat

On peut noter que lorsque $L/a \to \infty$,

$$\vec{B} \approx \mu_0 n I\,\vec{e}_z$$

On retrouve le résultat démontré pour un solénoïde infini. Ceci valide l'hypothèse d'un champ magnétique $\vec{B}$ nul à l'extérieur du solénoïde, dont nous avions eu besoin pour établir ce champ.

4.3.3 Champ créé par un dipôle magnétique

4.3.3.1 Moment magnétique d'un circuit filiforme plan

Considérons un circuit plan (Γ) orienté, parcouru par un courant I, et délimitant une surface S de normale $\vec{n}$.

On appelle ***moment dipolaire magnétique*** (voir Figure 4.18) du circuit la quantité:

$$\boxed{\vec{m} = IS\vec{n}}$$

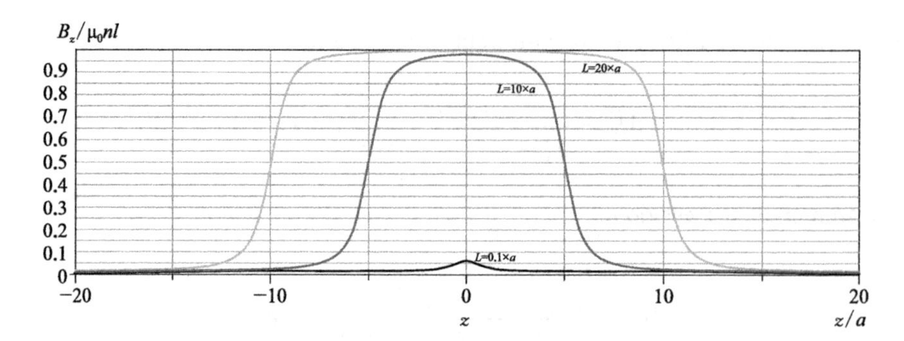

FIGURE 4.17 Champ magnétique sur l'axe d'un solénoïde (Norme du champ pour différentes valeurs du rapport longueur/rayon (L/a))

Activité 4-6

Montrer que ce vecteur est indépendant du choix de la surface s'appuyant sur (Γ).

Lorsque le circuit est de petites dimensions par rapport aux autres dimensions du problème, le circuit est appelé ***dipôle magnétique***.

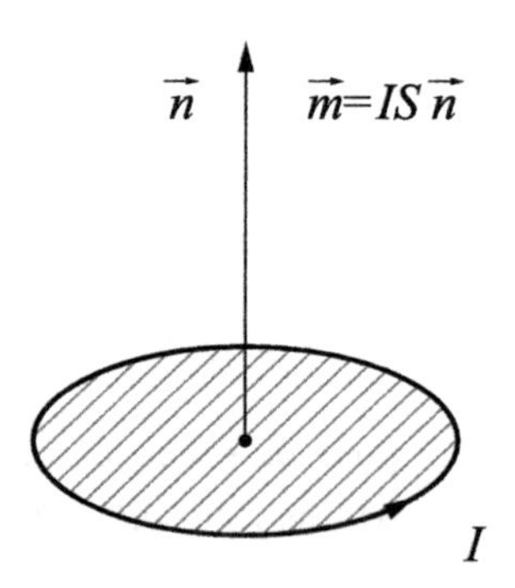

FIGURE 4.18 Moment dipolaire magnétique

4.3.3.2 Champ créé à grande distance

On montre qu'à grande distance $r \gg a$ du dipôle magnétique, le champ magnétique (voir Figure 4.19) a la même structure que celle d'un champ électrique dipolaire. Ce champ ne dépend que de $\vec{m}$ et de la position d'observation.

Si on pose $\vec{m} = m\vec{e}_z$, le champ magnétique est donné en coordonnées sphériques:

$$\boxed{\vec{B} = \frac{2\mu_0 m \cos\theta}{4\pi r^3}\vec{e}_r + \frac{\mu_0 m \sin\theta}{4\pi r^3}\vec{e}_\theta}$$

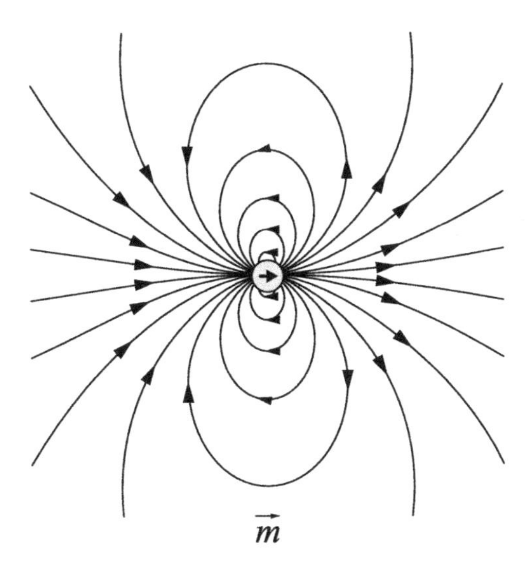

FIGURE 4.19 Champ magnétique dipolaire

Ce sont les mêmes expressions que pour le champ électrique d'un dipôle, en effectuant la substitution:

$$\vec{p} \to \vec{m} \quad \text{et} \quad \frac{1}{4\pi\varepsilon_0} \to \frac{\mu_0}{4\pi}$$

Remarquons qu'un voisinage du dipôle magnétique, en revanche, les structures des champs dipolaire électrique et dipolaire magnétique sont très différentes, comme on peut le voir sur la Figure 4.20.

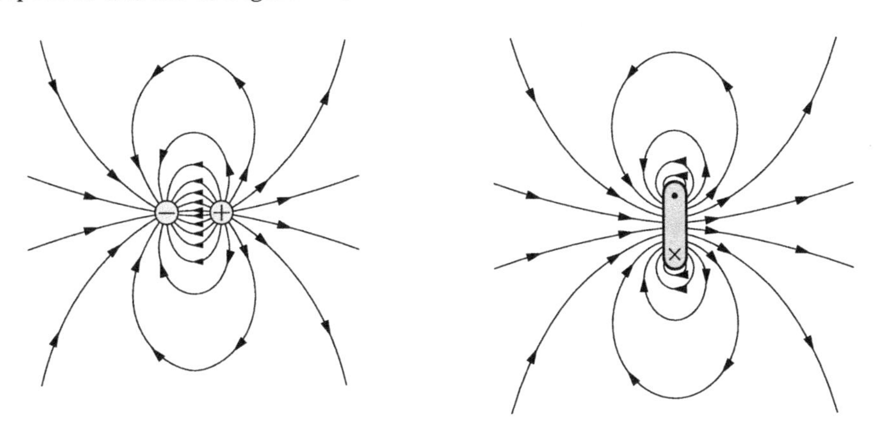

FIGURE 4.20 Dipôles électriques et magnétiques

Même si nous ne démontrons pas cette formule, nous pouvons vérifier dans le cas d'une spire circulaire étudiée en un point $z \gg a$. Le champ magnétique est alors donné par:

$$B_z = \frac{\mu_0 I a^2}{2z^3}$$

Mais la spire circulaire possède un moment dipolaire $\vec{m} = \pi a^2 I \vec{e}_z$, et le champ s'écrit bien

$$\vec{B} = \frac{2\mu_0 m}{4\pi z^3}\vec{e}_z$$

comme on s'y attend avec la formule dipolaire où on a pris $\theta = 0$ et $r = z$.

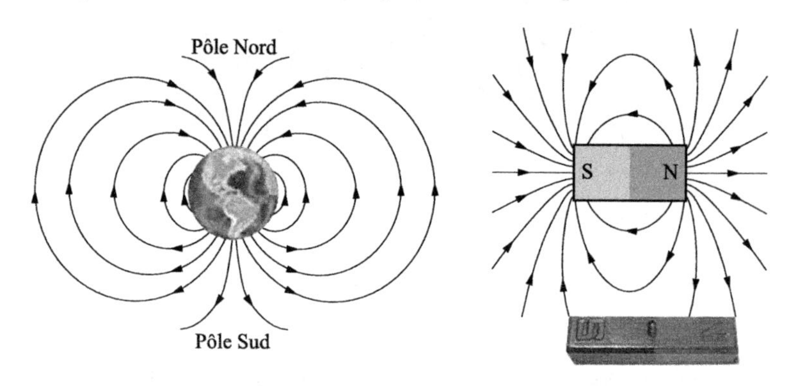

FIGURE 4.21 Aimants permanents

Remarques

Les aimants permanents (voir Figure 4.21), quand on regarde le champ magnétique en un point éloigné, se comportent comme un dipôle magnétique. Un aimant possède un moment dipolaire permanent $\vec{m}$. L'axe sud–nord d'un aimant est l'axe parallèle à $\vec{m}$.

Le champ magnétique terrestre est également un champ magnétique dipolaire, à une très bonne approximation.

4.4 *DÉMONSTRATION DE LA LOI DE BIOT ET SAVART

4.4.1 Opérateur laplacien vectoriel

4.4.1.1 Définition

On définit, pour un champ de vecteur $\vec{A}(M)$ l'opérateur ***laplacien vectoriel*** de $\vec{A}$, noté $\vec{\Delta}\vec{A}(M)$, tel que:

$$\boxed{\vec{\Delta}\vec{A} = \vec{\text{grad}}(\text{div}\,\vec{A}) - \vec{\text{rot}}(\vec{\text{rot}}\vec{A})}$$

Cet opérateur est quelquefois noté sans flèche. C'est un opérateur linéaire.

4.4.1.2 Expression en coordonnées cartésiennes

Dans le système de coordonnées cartésiennes, le laplacien vectoriel est simplement le vecteur dont les composantes sont les laplaciens scalaires des composantes.

$$\boxed{\vec{\Delta}\vec{A} = (\Delta A_x)\vec{e}_x + (\Delta A_y)\vec{e}_y + (\Delta A_z)\vec{e}_z}$$

Activité 4-7

Vérifier-le.

4.4.2 Potentiel vecteur du champ magnétique

4.4.2.1 Définition et non-unicité

Le champ magnétique est un champ à flux conservatif vérifiant par hypothèse

$$\operatorname{div} \vec{B}(M) = 0, \text{ quelque soit le point } M.$$

Nous avons vu plus haut que de tels champs de vecteurs sont toujours des champs de rotationnels. Il existe donc un champ de vecteurs $\vec{A}(M)$ tel que:

$$\vec{B}(M) = \vec{\text{rot}}\vec{A}(M)$$

Le champ de vecteurs $\vec{A}(M)$ est appelé ***potentiel vecteur*** du champ magnétique $\vec{B}(M)$.

Les potentiels vecteurs ne sont pas uniques. Si $\vec{A}(M)$ est un potentiel vecteur de $\vec{B}(M)$, alors, quel que soit le champ scalaire $f(M)$ donné, on aura

$$\vec{\text{rot}}(\vec{A}(M) + \vec{\text{grad}}f(M)) = \vec{\text{rot}}\vec{A}(M) + \vec{0} = \vec{B}(M)$$

La réciproque est vraie. Tous les potentiels vecteurs associés à un champ magnétique sont de la forme:

$$\vec{A}'(M) = \vec{A}(M) + \vec{\text{grad}}f(M)$$

On dit que les potentiels vecteurs sont définis *au gradient d'un champ scalaire près.*

4.4.2.2 Jauge de Coulomb

Le potentiel vecteur n'est pas déterminé de façon unique. Il y a même une partie arbitraire, le gradient d'un champ scalaire (et pas seulement une constante scalaire comme pour le potentiel électrostatique). On peut donc lui imposer des propriétés supplémentaires qui facilitent les calculs. En magnétostatique, il est commode de considérer des potentiels vecteur $\vec{A}(M)$ vérifiant:

$$\boxed{\operatorname{div} \vec{A}(M) = 0}$$

Cette condition arbitraire imposée est appelée ***jauge de Coulomb.***

4.4.2.3 Équation de Poisson du potentiel vecteur

De la relation

$$\vec{\mathrm{rot}}\vec{B} = \mu_0 \vec{j}(M)$$

on déduit

$$\vec{\mathrm{rot}}(\vec{\mathrm{rot}}\vec{A}(M)) = \mu_0 \vec{j}(M)$$

Mais, si la jauge de Coulomb est vérifiée, on a

$$\vec{\mathrm{rot}}(\vec{\mathrm{rot}}\vec{A}) = -\vec{\Delta}\vec{A}$$

et on obtient ***l'équation de Poisson du potentiel vecteur***:

$$\boxed{\vec{\Delta}\vec{A}(M) = -\mu_0 \vec{j}(M)}$$

En projection sur les axes cartésiens, on a:

$\Delta A_x(M) = -\mu_0 j_x(M)$ et la même équation sur y et z.

Cette dernière est exactement la même que l'équation de Poisson du potentiel électrostatique. Nous allons utiliser cette propriété pour établir l'expression intégrale de $\vec{A}(M)$.

4.4.2.4 Expression intégrale du potentiel vecteur

On considère une distribution (D) de courant statique de densité volumique $\vec{j}(P)$. Chaque composante vérifie une équation de Poisson, comme le potentiel électrostatique, en transposant, pour la direction $\vec{e_x}$:

$$A_x \to V, \quad j_x \to \rho \quad \text{et} \quad \mu_0 \to \frac{1}{\varepsilon_0}$$

on obtient donc la même expression intégrale que pour le potentiel électrostatique:

$$A_x(M) = \iiint \frac{\mu_0}{4\pi} \frac{j_x(p)}{PM} \, \mathrm{d}\tau_p$$

Le même raisonnement, mené sur les trois directions cartésiennes, conduit à:

$$\boxed{\vec{A}(M) = \iiint_{(D)} \frac{\mu_0}{4\pi} \frac{\vec{j}(P)}{PM} \mathrm{d}\tau_p}$$

4.4.3 Loi de Biot et Savart

4.4.3.1 Distribution volumique de courant

La relation intégrale ci-dessus peut être interprétée en considérant que l'élément de courant $\vec{j}(P)\mathrm{d}\tau_P$ apporte au potentiel vecteur total la contribution:

$$\mathrm{d}\vec{A}(M) = \frac{\mu_0}{4\pi} \frac{\vec{j}(P)\mathrm{d}\tau_p}{PM}$$

Cet élément de courant apporte donc une contribution $\mathrm{d}\vec{B}(M)$ au champ magnétique total, avec :

$$\mathrm{d}\vec{B}(M) = \vec{\mathrm{rot}} \left(\frac{\mu_0}{4\pi} \frac{\vec{j}(P)\mathrm{d}\tau_p}{PM} \right)$$

Ce rotationnel est évalué en utilisant les relations suivantes (toutes les dérivations mises en jeu sont évaluées par rapport aux coordonnées du point M):

$$\vec{\mathrm{rot}}(f\vec{A}) = f\,\vec{\mathrm{rot}}\vec{A} + (\vec{\mathrm{grad}}f) \wedge \vec{A} \quad \text{et} \quad \vec{\mathrm{grad}}_M \left(\frac{1}{PM} \right) = -\frac{1}{PM^2} \vec{u}_{PM} \quad \text{avec } \vec{u}_{PM} = \frac{\overrightarrow{PM}}{PM}$$

Activité 4-8

Démontrer ces résultats à partir de
$PM = \sqrt{(x_M - x_P)^2 + (y_M - y_P)^2 + (z_M - z_P)^2}$

On obtient donc:

$$\mathrm{d}\vec{B}(M) = \frac{\mu_0}{4\pi} \frac{\vec{j}(P)\mathrm{d}\tau_p \wedge \overrightarrow{PM}}{PM^3}$$

Finalement, par superposition, on obtient la loi de ***Biot et Savart***:

$$\boxed{\vec{B}(M) = \frac{\mu_0}{4\pi} \iiint_{(D)} \frac{\vec{j}(P) \wedge \overrightarrow{PM}}{PM^3} \mathrm{d}\tau_p}$$

Jean-Baptiste Biot (1774-1862) et Félix Savart (1791-1841) sont des physiciens français.

4.4.3.2 Distributions surfaciques de courant

Dans le cas d'une distribution surfaçique on peut faire la substitution

$$\vec{j}(P)\mathrm{d}\tau_p = \vec{j}_s(P)\mathrm{d}s_p$$

Par exemple, pour une couche homogène de faible épaisseur e:

$$\vec{j}_s = \vec{j} \times e \quad \text{et} \quad \mathrm{d}\tau_p = e \times \mathrm{d}s_p$$

d'où le résultat. Donc, finalement :

$$\boxed{\vec{B}(M) = \frac{\mu_0}{4\pi} \iint_{(S)} \frac{\vec{j}_s(P) \wedge \overrightarrow{PM}}{PM^3} \mathrm{d}s_p}$$

4.4.3.3 Cas d'un fil conducteur

Dans le cas pratique très important d'un conducteur filiforme parcouru par un courant I, nous avons vu

$$\vec{j}(P)\mathrm{d}\tau_p = I\mathrm{d}\vec{\ell}_P$$

où l'intensité I ne dépend pas du point considéré en régime stationnaire, donc:

$$\boxed{\vec{B}(M) = \frac{\mu_0 I}{4\pi} \int \frac{\mathrm{d}\vec{\ell}_P \wedge \overrightarrow{PM}}{PM^3}}$$

EXERCICES 4

Exercice 4-1: Champ créé par un cylindre chargé en rotation

On considère un cylindre (rayon a) uniformément chargé en volume (densité ρ) en rotation autour de son axe à la vitesse angulaire ω constante. Le cylindre est infiniment long.

1. À partir de considérations de symétrie, prévoir la direction du champ magnétique créé et les variables dont il dépend.
2. Exprimer le vecteur densité de courant au point M.
3. En prenant le champ nul à une distance infinie de l'axe et en admettant sa continuité à la traversée de la surface du cylindre, déterminer le champ magnétique en tout point.

On donne $\vec{\text{rot}}(B(r)\vec{e_z}) = -\dfrac{\mathrm{d}B}{\mathrm{d}r}\vec{e_\theta}$ en coordonnées cylindriques.

Exercice 4-2: Champ créé par deux rubans

Deux rubans métalliques parallèles, de même largeur constante a, de grande longueur, sont disposés face à face dans le vide à la distance $d \ll a$ l'un de l'autre. Ils sont parcourus par le même courant I en sens inverse dans les deux rubans. Ce courant est uniformément réparti sur la surface de chaque ruban. On note U la différence de potentiel entre les deux rubans.

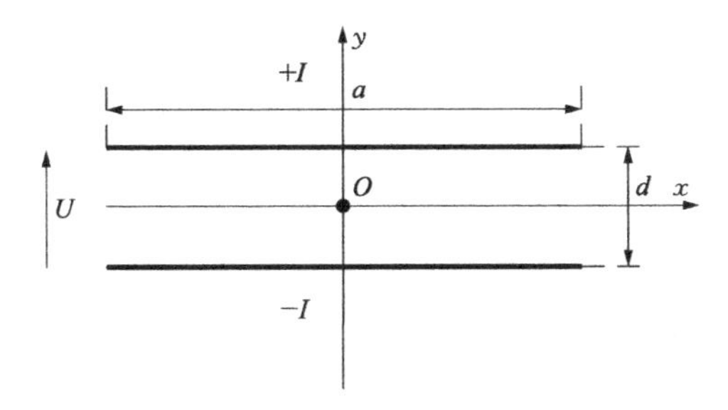

1. Préciser les symétries et invariances des charges et des courants.
2. Préciser les champs électrique et magnétique dans l'espace compris entre les rubans. Que valent ces champs hors de la ligne ?

Exercice 4-3: Champs magnétiques divers

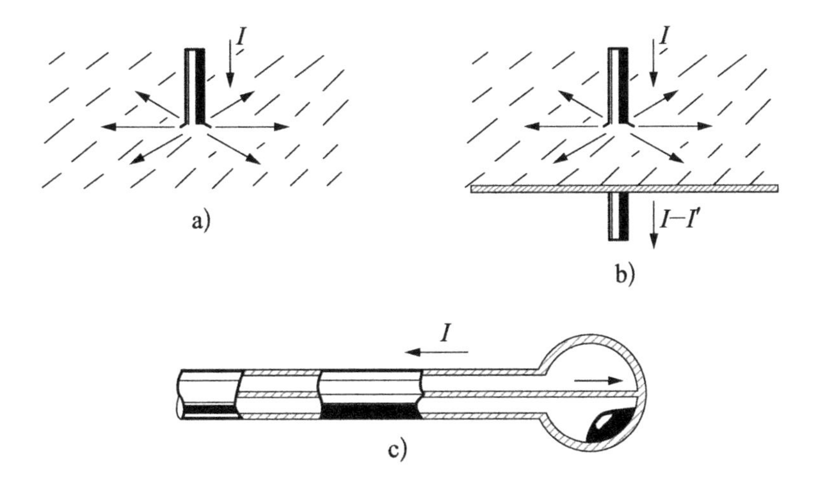

1. Un courant I passe dans un long fil droit perpendiculaire à une surface conductrice et s'y répand. Déterminer la distribution du champ magnétique.

2. Un long fil parcouru par un courant I traverse un plan conducteur dans une direction perpendiculaire à ce dernier. Le courant qui reste sur le plan est égal à I'. Déterminer la distribution du champ magnétique dans ce système.
3. Un câble coaxial entre dans une cavité sphérique, comme l'indique le dessin. Trouver l'induction du champ magnétique dans tout l'espace.

Exercice 4-4: Champ magnétique dans une cavité

Un conducteur rectiligne infini, parcouru par un courant I uniformément réparti dans sa section, est formé de l'espace compris entre deux cylindres de rayons R et R' avec $R' > R$, d'axes parallèles mais non confondus.

1. Calculer le champ magnétique créé dans la cavité de rayon R.

Exercice 4-5: Effet Meissner dans un matériau supraconducteur

On appelle ***effet Meissner*** l'expulsion des lignes de champ magnétique de l'intérieur d'un matériau ***supraconducteur***; le modèle présenté ci-dessous va indiquer que, en réalité, le champ pénètre partiellement dans le matériau, sur une faible épaisseur à partir de la surface.

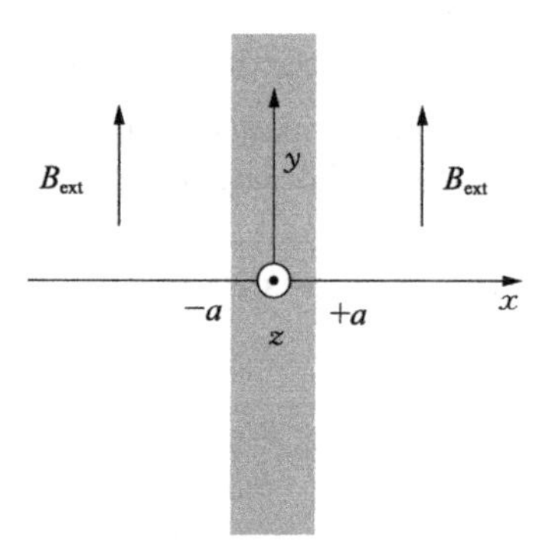

On considère (voir figure ci-dessus) une plaque supraconductrice illimitée de largeur $2a$, placée dans une région où un champ magnétique permanente et uniforme $\vec{B}_{\text{ext}} = B_{\text{ext}}\,\vec{e}_y$; on suppose que les courants surfaciques sont nuls en $x = \pm a$, ce qui assure la continuité du champ tangentiel. La loi d'Ohm locale est ici remplacée par l'équation phénoménologique locale de London dans le supraconducteur: $\vec{\text{rot}}\vec{j} = -\dfrac{\vec{B}}{\mu_0\lambda^2}$.

1. Déterminer la dimension de λ.
2. On démontre (par exemple en considérant le rotationnel de l'équation de London) qu'en régime permanent, les champs de vecteurs $\vec{A}, \vec{B}, \vec{j}$ vérifient l'équation d'inconnue $\vec{X}$: $\Delta\vec{X} = \dfrac{\vec{X}}{\lambda^2}$.

3. Justifier que cette équation admet des solutions ne dépendant que de x, déterminer les expressions de $\vec{A}, \vec{B}, \vec{j}$ à l'intérieur de la plaque et donner l'allure des composantes de $\vec{B}$ et de $\vec{j}$.
4. Application numérique: $B_{\text{ext}} = 0,1$ T, $\lambda = 50 \times 10^{-9}$ m et $a = 2$ mm. Déterminer la valeur maximale de $\vec{j}$ et la valeur numérique de $\|\vec{B}\|$ au centre.

Exercice 4-6: Stabilité d'un faisceau de particules

1. Déterminer les champs électrostatiques et magnétostatiques qui règnent au sein d'un faisceau cylindrique (rayon a, densité particulaire n) de particules chargées (charge q masse m), qui se déplacent à la vitesse $\vec{v} = v\vec{e}_z$.
2. Montrer que le faisceau ne peut être stable que si la vitesse est égale à une vitesse v_c que l'on déterminera (avec application numérique). Commenter. On rappelle que $\varepsilon_0 = 8,85 \times 10^{-12}$ F·m^{-1} et $\mu_0 = 4\pi \times 10^{-7}$ H·m^{-1}.
3. Dans le cas où $v \ll v_c$, donner une estimation de la déformation du faisceau en évaluant la longueur ℓ au bout de laquelle le diamètre du faisceau est augmenté de 10% (considérer le mouvement d'une particule qui se trouve en limite du faisceau).
   A.N: Déterminer numériquement ℓ pour un faisceau de rayon $a = 1$ mm transportant un courant d'intensité $I = 1$ mA.

Exercice 4-7: Densités de courant créant un champ donné

On considère, en coordonnées cylindriques, un champ magnétique d'expression:

$$\vec{B} = B_0 \left(\frac{r}{a}\right)^3 \exp(-r/a)\, \vec{e}_\theta \quad \text{pour } 0 \leqslant r < a \quad \text{et} \quad \vec{B} = \frac{2B_0 a}{r}\, \vec{e}_\theta \quad \text{pour } r > a$$

1. Déterminer la densité volumique de courant en tout point de l'espace.
2. Montrer qu'il y a aussi en $r = a$ une densité surfacique de courant. Donner son expression.

Les exercices suivants nécessitent la loi de Biot et Savart.

Exercice 4-8: Bobines de Helmholtz

On associe deux boucles conductrices circulaires de même rayon a, de même axe Oz, dont les centres sont distants de d; elles sont parcourues par le même courant d'intensité (absolue) I.

1. Comment les courants doivent-ils être orientés pour que les champs magné-

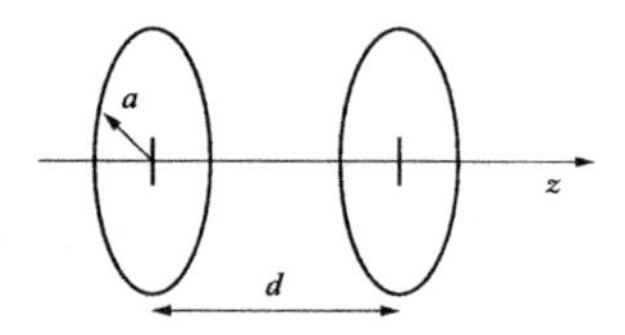

tiques des deux spires soient dans le même sens. On suppose dans la suite qu'il en est ainsi.

2. Exprimer les champs $B_r(r, z)$ puis $B_z(r, z)$ au voisinage de l'axe Oz en fonction de $f(z) \equiv B(r = 0, z)$.
3. En déduire une relation entre a et d pour que le champ soit quasiment uniforme au voisinage du milieu des deux centres.

Exercice 4-9: Champ créé par une spire au voisinage de son axe

On s'intéresse au champ magnétostatique créé par une spire de centre O et de rayon a parcourue par un courant I en un point M situé en dehors de l'axe de la spire, mais proche de cet axe. L'axe de la spire est l'axe (Oz) et on repère la position du point M en coordonnées cylindriques (r, θ, z).

1. Montrer, en utilisant les symétries, que le champ magnétostatique en dehors de l'axe n'a pas de composante sur $\vec{e}_\theta$ et que sa norme ne dépend pas de θ. En déduire l'expression du champ en faisant apparaître une composante selon (Oz) et une composante radiale.
2. On considère que, pour M proche de l'axe, la composante B_z du champ magnétostatique est la même que sur l'axe. Montrer, en utilisant la propriété relative au flux du champ magnétostatique au travers d'une surface fermée, que $B_r = -\dfrac{r}{2}\dfrac{\mathrm{d}B_z}{\mathrm{d}z}$.
3. En déduire l'expression complète du champ au voisinage de l'axe.

GLOSSAIRE

angle solide	立体角
bobine de Helmholtz	亥姆霍兹线圈
cage de Faraday	法拉第笼
champs à circulation conservative = champs irrotationnel	无旋场（保守场）
champs à flux conservative	无散场
champ électrostatique (magnétostatique)	静电（静磁）场
charge ponctuelle	点电荷
condensateur	电容
conducteur	导体
conductivité	电导率
densité (volumique, surfacique, linéique) de charge	（体、面、线）电荷密度
dipôle électrique (magnétique)	电（磁）偶极子
effet Hall	霍尔效应
flux	通量
force de Lorentz	洛伦兹力
isolant	绝缘体
jauge de Coulomb	库仑规范
moment dipolaire	偶极矩
perméabilité du vide	真空磁导率
permittivité du vide (relative, absolue)	真空（相对、绝对）介电常数
porteur	载流子
potentiel électrostatique	静电势
résistivité	电阻率
semi-conducteur	半导体
solénoïde	螺线管
supraconducteur	超导体
surface équipotentiel	等势面
temps de relaxation	弛豫时间
vitesse de dérive	漂移速度

FORMULAIRE MATHÉMATIQUE

Coordonnées cartésiennes

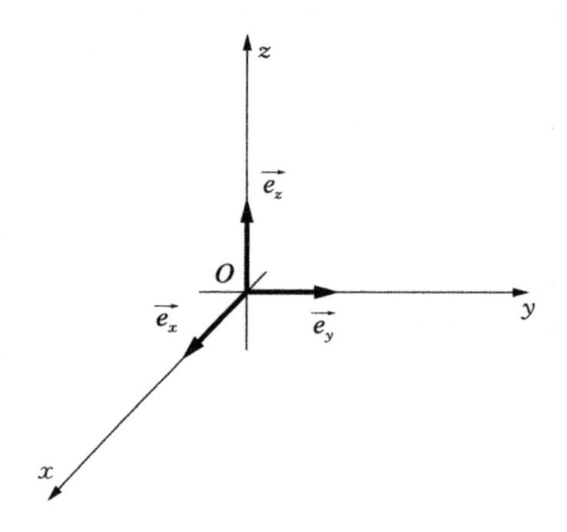

$$f(x,y,z); \quad \vec{A} = A_x(x,y,z)\vec{e}_x + A_y(x,y,z)\vec{e}_y + A_z(x,y,z)\vec{e}_z$$

$$\vec{\nabla} = \frac{\partial}{\partial x}\vec{e}_x + \frac{\partial}{\partial y}\vec{e}_y + \frac{\partial}{\partial z}\vec{e}_z$$

$$\vec{\text{grad}} f = \frac{\partial f}{\partial x}\vec{e}_x + \frac{\partial f}{\partial y}\vec{e}_y + \frac{\partial f}{\partial z}\vec{e}_z = \vec{\nabla} f$$

$$\vec{\text{rot}}\vec{A} = \left[\frac{\partial A_z}{\partial y} - \frac{\partial A_y}{\partial z}\right]\vec{e}_x + \left[\frac{\partial A_x}{\partial z} - \frac{\partial A_z}{\partial x}\right]\vec{e}_y + \left[\frac{\partial A_y}{\partial x} - \frac{\partial A_x}{\partial y}\right]\vec{e}_z = \vec{\nabla} \times \vec{A}$$

$$\text{div}\,\vec{A} = \frac{\partial A_x}{\partial x} + \frac{\partial A_y}{\partial y} + \frac{\partial A_z}{\partial z} = \vec{\nabla} \cdot \vec{A}$$

$$\Delta f = \frac{\partial^2 f}{\partial x^2} + \frac{\partial^2 f}{\partial y^2} + \frac{\partial^2 f}{\partial z^2}$$

$$\Delta \vec{A} = (\Delta A_x)\vec{e}_x + (\Delta A_y)\vec{e}_y + (\Delta A_z)\vec{e}_z$$

Coordonnées cylindriques

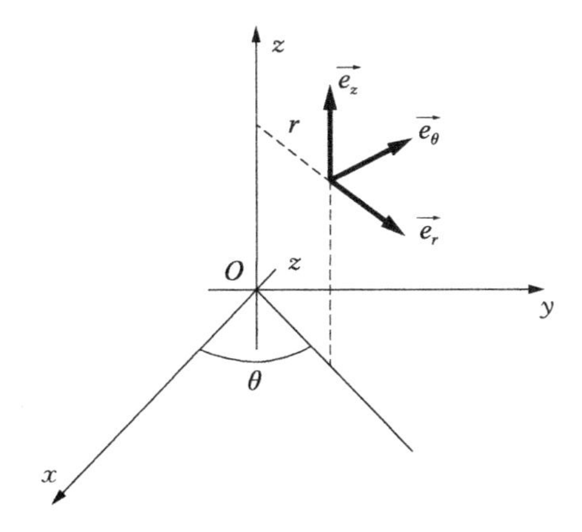

$$f(r,\theta,z); \quad \vec{A} = A_r(r,\theta,z)\vec{e}_r + A_\theta(r,\theta,z)\vec{e}_\theta + A_z(r,\theta,z)\vec{e}_z$$

$$\vec{\text{grad}} f = \frac{\partial f}{\partial r}\vec{e}_r + \frac{1}{r}\frac{\partial f}{\partial \theta}\vec{e}_\theta + \frac{\partial f}{\partial z}\vec{e}_z$$

$$\vec{\text{rot}}\vec{A} = \left[\frac{1}{r}\frac{\partial A_z}{\partial \theta} - \frac{\partial A_\theta}{\partial z}\right]\vec{e}_r + \left[\frac{\partial A_r}{\partial z} - \frac{\partial A_z}{\partial r}\right]\vec{e}_\theta + \left[\frac{1}{r}\frac{\partial (rA_\theta)}{\partial r} - \frac{1}{r}\frac{\partial A_r}{\partial \theta}\right]\vec{e}_z = \frac{1}{r}\begin{vmatrix} \vec{e}_r & \partial/\partial r & A_r \\ r\vec{e}_\theta & \partial/\partial \theta & rA_\theta \\ \vec{e}_z & \partial/\partial z & A_z \end{vmatrix}$$

$$\text{div}\,\vec{A} = \frac{1}{r}\frac{\partial (rA_r)}{\partial r} + \frac{1}{r}\frac{\partial A_\theta}{\partial \theta} + \frac{\partial A_z}{\partial z}$$

$$\Delta f = \frac{\partial^2 f}{\partial r^2} + \frac{1}{r}\frac{\partial f}{\partial r} + \frac{1}{r^2}\frac{\partial^2 f}{\partial \theta^2} + \frac{\partial^2 f}{\partial z^2}$$

Coordonnées sphériques

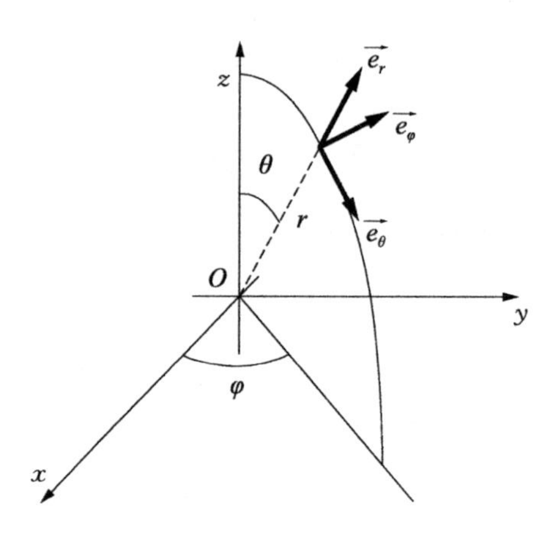

$$f(r,\theta,\varphi); \quad \vec{A} = A_r(r,\theta,\varphi)\vec{e}_r + A_\theta(r,\theta,\varphi)\vec{e}_\theta + A_\varphi(r,\theta,\varphi)\vec{e}_\varphi$$

$$\vec{\text{grad}} f = \frac{\partial f}{\partial r}\vec{e}_r + \frac{1}{r}\frac{\partial f}{\partial \theta}\vec{e}_\theta + \frac{1}{r\sin\theta}\frac{\partial f}{\partial \varphi}\vec{e}_\varphi$$

$$\begin{aligned}
\vec{\text{rot}}\vec{A} &= \frac{1}{r\sin\theta}\left[\frac{\partial(\sin\theta A_\varphi)}{\partial\theta} - \frac{\partial A_\theta}{\partial\varphi}\right]\vec{e}_r + \frac{1}{r}\left[\frac{1}{\sin\theta}\frac{\partial A_r}{\partial\varphi} - \frac{\partial(rA_\varphi)}{\partial r}\right]\vec{e}_\theta + \frac{1}{r}\left[\frac{\partial(rA_\theta)}{\partial r} - \frac{\partial A_r}{\partial\theta}\right] \\
&= \frac{1}{r^2\sin\theta}\begin{vmatrix} \vec{e}_r & \partial/\partial r & A_r \\ r\vec{e}_\theta & \partial/\partial\theta & rA_\theta \\ r\sin\theta\vec{e}_\varphi & \partial/\partial\varphi & r\sin\theta A_\varphi \end{vmatrix}
\end{aligned}$$

$$\text{div}\,\vec{A} = \frac{1}{r^2}\frac{\partial(r^2A_r)}{\partial r} + \frac{1}{r\sin\theta}\frac{\partial(\sin\theta A_\theta)}{\partial\theta} + \frac{1}{r\sin\theta}\frac{\partial A_\varphi}{\partial\varphi}$$

$$\Delta f = \frac{\partial^2 f}{\partial r^2} + \frac{2}{r}\frac{\partial f}{\partial r} + \frac{1}{r^2\sin\theta}\frac{\partial}{\partial\theta}\left(\sin\theta\frac{\partial f}{\partial\theta}\right) + \frac{1}{r^2\sin^2\theta}\frac{\partial^2 f}{\partial\varphi^2}$$

Pour une fonction $f(r)$: $\Delta f = \dfrac{1}{r}\dfrac{d^2(rf)}{dr^2}$

$$\Delta\vec{A} = \left[\frac{1}{r}\frac{\partial^2(rA_r)}{\partial r^2} + \frac{1}{r^2}\frac{\partial^2 A_r}{\partial\theta^2} + \frac{1}{r^2\sin^2\theta}\frac{\partial^2 A_r}{\partial\varphi^2} + \frac{\cot\theta}{r^2}\frac{\partial A_r}{\partial\theta} - \frac{2}{r^2}\frac{\partial A_\theta}{\partial\theta} - \frac{2}{r^2\sin\theta}\frac{\partial A_\varphi}{\partial\varphi} - \frac{2A_r}{r^2}\right.$$
$$\left. - \frac{2\cot\theta}{r^2}A_\theta\right]\vec{e}_r + \left[\frac{1}{r^2}\frac{\partial^2 rA_\theta)}{\partial r^2} + \frac{1}{r^2}\frac{\partial^2 A_\theta}{\partial\theta^2} + \frac{1}{r^2\sin^2\theta}\frac{\partial^2 A_\theta}{\partial\varphi^2} + \frac{\cot\theta}{r^2}\frac{\partial A_\theta}{\partial\theta} - \frac{2}{r^2}\frac{\cot\theta}{\sin\theta}\frac{\partial A_\varphi}{\partial\varphi}\right.$$
$$\left. + \frac{2}{r^2}\frac{\partial A_r}{\partial\theta} - \frac{A_\theta}{r^2\sin^2\theta}\right]\vec{e}_\theta + \left[\frac{1}{r^2}\frac{\partial^2 rA_\varphi}{\partial r^2} + \frac{1}{r^2}\frac{\partial^2 A_\varphi}{\partial\theta^2} + \frac{1}{r^2\sin^2\theta}\frac{\partial^2 A_\varphi}{\partial\varphi^2} + \frac{\cot\theta}{r^2}\frac{\partial A_\varphi}{\partial\theta}\right.$$
$$\left. + \frac{2}{r^2\sin\theta}\frac{\partial A_r}{\partial\varphi} + \frac{2}{r^2}\frac{\cot\theta}{\sin\theta}\frac{\partial A_\theta}{\partial\varphi} - \frac{A_\varphi}{r^2\sin^2\theta}\right]\vec{e}_\varphi$$

Définition intrinsèque des opérateurs

Gradient

Pour un déplacement élémentaire $d\overrightarrow{OM}$, la grandeur f varie de $df = \vec{\text{grad}}f \cdot d\overrightarrow{OM}$.

Rotationnel: Théorème de Stokes:

$$\oint_{\Gamma} \vec{A}\cdot \mathrm{d}\vec{\ell} = \iint_{(S_\Gamma)} \vec{\text{rot}}\vec{A}\cdot\vec{n}\mathrm{d}S$$

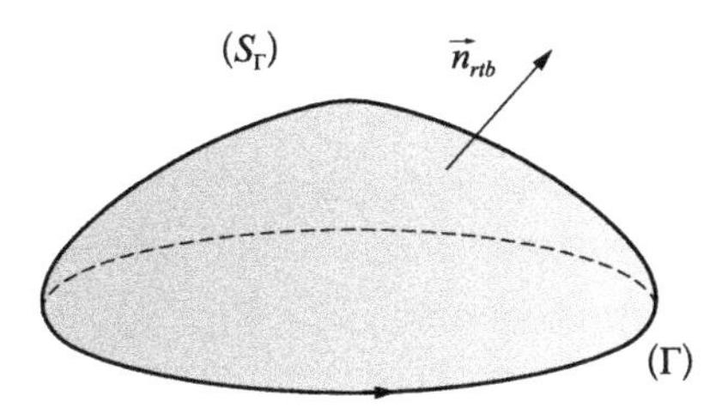

Divergence: Théorème de Green Ostogradski:

$$\oiint_{\Sigma} \vec{A}\cdot\vec{n}_{ext}\mathrm{d}S = \iiint_{(V)} \text{div}\,\vec{A}\mathrm{d}V$$

Laplaciens

Laplacien Scalaire $\Delta f = \text{div}(\vec{\text{grad}}f)$

Laplacien Vecteur $\Delta\vec{A} = \vec{\text{grad}}(\text{div}\,\vec{A}) - \vec{\text{rot}}(\vec{\text{rot}}\vec{A})$

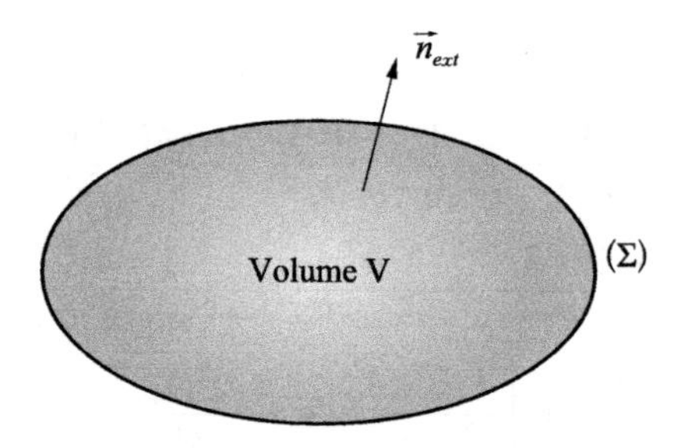

Quelques relations utiles

$$\vec{\text{grad}}(fg) = f(\vec{\text{grad}}g) + g(\vec{\text{grad}}f)$$

$$\vec{\text{rot}}(f\vec{A}) = f(\vec{\text{rot}}\vec{A}) + (\vec{\text{grad}}f) \wedge \vec{A}$$

$$\text{div}(f\vec{A}) = f(\text{div}\,\vec{A}) + (\vec{\text{grad}}f) \cdot \vec{A}$$

$$\text{div}(\vec{A} \wedge \vec{B}) = \vec{B} \cdot \vec{\text{rot}}\vec{A} - \vec{A} \cdot \vec{\text{rot}}\vec{B}$$